高职高专计算机任务驱动模式教材

Java程序设计项目开发教程

汤春华　孙晓范　主　编　　袁　哲　王　威　石春菊　副主编

清华大学出版社
北京

内容简介

Java 语言是当今流行的面向对象编程语言之一,它以其健壮性、安全性、可移植性等优点成为程序员必备的技术。本书以典型项目讲述面向对象程序设计的相关概念和使用方法。通过本书的学习,学生不仅能够学习到基本的面向对象程序设计技术,而且还能够掌握用 Java 语言开发软件项目的方法。

本书以学生考试系统项目为开发主线,分解为 12 个任务,贯穿全书。内容包括 Java 语言基础知识、类与对象的基本概念、类的方法、类的重用、接口、输入/输出流、图形用户界面设计、多线程等知识点。读者通过阅读本书,可以全面掌握 Java 的初级开发技术。

本书可以作为高职高专院校软件技术专业、网络技术专业以及其他相关专业的教材或参考书,也适合软件开发人员及其他有关人员作为自学参考书或培训教材。

本书封面贴有清华大学出版社防伪标签,无标签者不得销售。
版权所有,侵权必究。侵权举报电话: 010-62782989　13701121933

图书在版编目(CIP)数据

Java 程序设计项目开发教程/汤春华,孙晓范主编. —北京:清华大学出版社,2017(2020.7重印)
(高职高专计算机任务驱动模式教材)
ISBN 978-7-302-46406-8

Ⅰ. ①J…　Ⅱ. ①汤…　②孙…　Ⅲ. ①JAVA 语言-程序设计-高等职业教育-教材　Ⅳ. ①TP312.8

中国版本图书馆 CIP 数据核字(2017)第 023648 号

责任编辑:张龙卿
封面设计:徐日强
责任校对:袁　芳
责任印制:宋　林

出版发行:清华大学出版社
　　　　网　　址:http://www.tup.com.cn, http://www.wqbook.com
　　　　地　　址:北京清华大学学研大厦 A 座　　　邮　　编:100084
　　　　社 总 机:010-62770175　　　　　　　　　　邮　　购:010-62786544
　　　　投稿与读者服务:010-62776969, c-service@tup.tsinghua.edu.cn
　　　　质量反馈:010-62772015, zhiliang@tup.tsinghua.edu.cn
　　　　课件下载:http://www.tup.com.cn,010-62770175-4278

印 装 者:三河市国英印务有限公司
经　　销:全国新华书店
开　　本:185mm×260mm　　　印　张:16　　　字　数:364 千字
版　　次:2017 年 4 月第 1 版　　　　　　　印　次:2020 年 7 月第 4 次印刷
定　　价:49.00 元

产品编号:073713-02

编审委员会

主　　任：杨　云

主任委员：（排名不分先后）

　　　　　张亦辉　高爱国　徐洪祥　许文宪　薛振清　刘　学　刘文娟
　　　　　窦家勇　刘德强　崔玉礼　满昌勇　李跃田　刘晓飞　李　满
　　　　　徐晓雁　张金帮　赵月坤　国　锋　杨文虎　张玉芳　师以贺
　　　　　张守忠　孙秀红　徐　健　盖晓燕　孟宪宁　张　晖　李芳玲
　　　　　曲万里　郭嘉喜　杨　忠　徐希炜　齐现伟　彭丽英　康志辉

委　　员：（排名不分先后）

　　　　　张　磊　陈　双　朱丽兰　郭　娟　丁喜纲　朱宪花　魏俊博
　　　　　孟春艳　于翠媛　邱春民　李兴福　刘振华　朱玉业　王艳娟
　　　　　郭　龙　殷广丽　姜晓刚　单　杰　郑　伟　姚丽娟　郭纪良
　　　　　赵爱美　赵国玲　赵华丽　刘　文　尹秀兰　李春辉　刘　静
　　　　　周晓宏　刘敬贤　崔学鹏　刘洪海　徐　莉　高　静　孙丽娜

秘书长：陈守森　平　寒　张龙卿

出版说明

我国高职高专教育经过十几年的发展,已经转向深度教学改革阶段。教育部于 2006 年 12 月发布了教高〔2006〕第 16 号文件《关于全面提高高等职业教育教学质量的若干意见》,大力推行工学结合,突出实践能力培养,全面提高高职高专教学质量。

清华大学出版社作为国内大学出版社的领跑者,为了进一步推动高职高专计算机专业教材的建设工作,适应高职高专院校计算机类人才培养的发展趋势,根据教高〔2006〕第 16 号文件的精神,2007 年秋季开始了切合新一轮教学改革的教材建设工作。该系列教材一经推出,就得到了很多高职院校的认可和选用,其中部分书籍的销售量都超过了 3 万册。现重新组织优秀作者对部分图书进行改版,并增加了一些新的图书品种。

目前国内高职高专院校计算机网络与软件专业的教材品种繁多,但符合国家计算机网络与软件技术专业领域技能型紧缺人才培养培训方案,并符合企业的实际需要,能够自成体系的教材还不多。

我们组织国内对计算机网络和软件人才培养模式有研究并且有过一段实践经验的高职高专院校,进行了较长时间的研讨和调研,遴选出一批富有工程实践经验和教学经验的双师型教师,合力编写了这套适用于高职高专计算机网络、软件专业的教材。

本套教材的编写方法是以任务驱动、案例教学为核心,以项目开发为主线。我们研究分析了国内外先进职业教育的培训模式、教学方法和教材特色,消化吸收优秀的经验和成果。以培养技术应用型人才为目标,以企业对人才的需要为依据,把软件工程和项目管理的思想完全融入教材体系,将基本技能培养和主流技术相结合,课程设置中重点突出、主辅分明、结构合理、衔接紧凑。教材侧重培养学生的实战操作能力,学、思、练相结合,旨在通过项目实践,增强学生的职业能力,使知识从书本中释放并转化为专业技能。

一、教材编写思想

本套教材以案例为中心,以技能培养为目标,围绕开发项目所用到的知识点进行讲解,对某些知识点附上相关的例题,以帮助读者理解,进而将知识转变为技能。

考虑到是以"项目设计"为核心组织教学,所以在每一学期配有相应的实训课程及项目开发手册,要求学生在教师的指导下,能整合本学期所学的知识内容,相互协作,综合应用该学期的知识进行项目开发。同时,在教材中采用了大量的案例,这些案例紧密地结合教材中的各个知识点,循序渐进,由浅入深,在整体上体现了内容主导、实例解析、以点带面的模式,配合课程后期以项目设计贯穿教学内容的教学模式。

软件开发技术具有种类繁多、更新速度快的特点。本套教材在介绍软件开发主流技术的同时,帮助学生建立软件相关技术的横向及纵向的关系,培养学生综合应用所学知识的能力。

二、丛书特色

本系列教材体现目前工学结合的教改思想,充分结合教改现状,突出项目面向教学和任务驱动模式教学改革成果,打造立体化精品教材。

(1) 参照和吸纳国内外优秀计算机网络、软件专业教材的编写思想,采用本土化的实际项目或者任务,以保证其有更强的实用性,并与理论内容有很强的关联性。

(2) 准确把握高职高专软件专业人才的培养目标和特点。

(3) 充分调查研究国内软件企业,确定了基于Java和.NET的两个主流技术路线,再将其组合成相应的课程链。

(4) 教材通过一个个的教学任务或者教学项目,在做中学,在学中做,以及边学边做,重点突出技能培养。在突出技能培养的同时,还介绍解决思路和方法,培养学生未来在就业岗位上的终身学习能力。

(5) 借鉴或采用项目驱动的教学方法和考核制度,突出计算机网络、软件人才培训的先进性、工具性、实践性和应用性。

(6) 以案例为中心,以能力培养为目标,并以实际工作的例子引入概念,符合学生的认知规律。语言简洁明了、清晰易懂,更具人性化。

(7) 符合国家计算机网络、软件人才的培养目标;采用引入知识点、讲述知识点、强化知识点、应用知识点、综合知识点的模式,由浅入深地展开对技术内容的讲述。

(8) 为了便于教师授课和学生学习,清华大学出版社正在建设本套教材的教学服务资源。在清华大学出版社网站(www.tup.com.cn)免费提供教材的电子课件、案例库等资源。

高职高专教育正处于新一轮教学深度改革时期,从专业设置、课程体系建设到教材建设,依然是新课题。希望各高职高专院校在教学实践中积极提出意见和建议,并及时反馈给我们。清华大学出版社将对已出版的教材不断地修订、完善,提高教材质量,完善教材服务体系,为我国的高职高专教育继续出版优秀的高质量的教材。

清华大学出版社
高职高专计算机任务驱动模式教材编审委员会
2016年3月

前　言

　　Java是SUN公司推出的跨平台程序开发语言,它具有简单、面向对象、分布式、健壮性、安全性、可移植性等特点,这使它在网络开发、网络应用中发挥着重要作用,并伴随因特网的广泛应用而得以迅速发展。

　　本书作为高职高专计算机应用专业的特色教材。它以培养读者应用能力为主线,严格按照教育部关于"加强职业教育、突出实践技能培养"的要求,依照Java程序设计学习应用的基本过程和规律,采用"以项目开发为主线,任务驱动"的写法贯穿全书,将Java开发的技术知识融入各个工作任务中,突出了"实践与理论紧密结合"的特点。随着项目开发任务的层层递进,再现了软件开发的工作过程,同时也体现了从普通程序员到Web程序员的职业能力的提升。

　　本书以学生在线系统开发项目为主线,共分为两大篇12个任务。第一篇为项目开发前期准备,包括任务1～任务5,任务1和任务2介绍了Java开发环境的下载安装;任务3介绍了Java的基本特性及基本语法,包括Java语言概述、数据类型、运算符与表达式、流程控制语句及数组的使用;任务4、任务5介绍了Java面向对象技术及异常类处理机制。

　　第二篇为学生在线系统的开发,包括任务6～任务12,通过一个完整的学生在线系统的开发,系统地介绍了图形用户界面设计中的事件、组件、布局、文件输入/输出以及线程等知识点。任务12介绍了用数据库存储数据的相关知识。在每个任务学习中,都是首先介绍学习目标,然后通过任务描述使读者在明确工作任务之后再去学习相关知识,在自测题中,读者可以完成对本章介绍的技术要点的测试。

　　通过本书的学习,读者不仅可以全面掌握Java的开发知识,而且更能体会到应用Java开发项目的基本思路及全局观念。

　　本书由汤春华、孙晓范担任主编,袁哲、王威、石春菊担任副主编。其中任务1与任务2由孙晓范编写,任务3与任务4由王威编写,任务5由汤春华、付海娟编写,任务6与任务7由石春菊编写,任务8～任务11由汤春华、高伟聪、乔寿合、牛群编写,任务12由袁哲编写。全书由汤春华与山东山大欧码软件股份有限公司开发部项目经理夏瑞芳负责审核。在本书编写的过程中得到了山东外事翻译职业学院各级领导和同事以及山东浪潮集团有限公司开发经理的大力支持和帮助,在此表示由衷的感谢。

由于编者水平有限,编写时间仓促,错误之处在所难免,敬请广大读者指正,欢迎提出宝贵意见,编者电子邮箱是 tangchunhuajava@163.com。

编　者

2017 年 1 月

目　录

第一篇　项目开发前期准备

任务 1　Java 开发环境的安装配置 …………………………… 3
- 1.1　任务描述 …………………………………………… 3
- 1.2　相关知识 …………………………………………… 3
  - 1.2.1　Java 语言的产生和发展 ……………………… 3
  - 1.2.2　Java 语言的特点 ……………………………… 5
  - 1.2.3　Java 工作机制 ………………………………… 7
- 1.3　任务实施 …………………………………………… 7
  - 1.3.1　下载安装 JDK ………………………………… 7
  - 1.3.2　环境变量配置 ………………………………… 10
- 自测题 …………………………………………………… 13

任务 2　Eclipse 环境下系统功能需求分析与设计 …………… 15
- 2.1　任务描述 …………………………………………… 15
- 2.2　相关知识 …………………………………………… 15
- 2.3　任务实施 …………………………………………… 17
  - 2.3.1　编写第一个 Java 程序 ………………………… 17
  - 2.3.2　项目需求分析与设计 ………………………… 20
- 自测题 …………………………………………………… 22

任务 3　课程考试系统中学生成绩的处理 …………………… 23
- 3.1　任务描述 …………………………………………… 23
- 3.2　成绩的评价 ………………………………………… 23
- 3.3　成绩的排序 ………………………………………… 32
  - 3.3.1　相关知识 ……………………………………… 32
  - 3.3.2　任务实施 ……………………………………… 42

自测题 …… 42

任务 4　课程考试系统中相关类的定义与使用 …… 44

　4.1　任务描述 …… 44
　4.2　相关知识 …… 44
　　4.2.1　面向对象编程概述 …… 44
　　4.2.2　类 …… 47
　　4.2.3　对象 …… 48
　　4.2.4　继承 …… 52
　　4.2.5　抽象类和接口 …… 56
　　4.2.6　包 …… 59
　4.3　任务实施 …… 60
　　自测题 …… 62

任务 5　捕获课程考试系统中的异常 …… 64

　5.1　任务描述 …… 64
　5.2　相关知识 …… 64
　　5.2.1　异常类 …… 65
　　5.2.2　异常的捕获和处理 …… 67
　　5.2.3　异常的抛出 …… 69
　　5.2.4　异常的声明 …… 70
　　5.2.5　自定义异常类 …… 71
　5.3　任务实施 …… 72
　　自测题 …… 74

第二篇　学生在线系统的开发

任务 6　设计用户登录界面 …… 79

　6.1　任务描述 …… 79
　6.2　相关知识 …… 79
　　6.2.1　Java GUI 概述 …… 79
　　6.2.2　窗口与面板 …… 81
　　6.2.3　常用的组件 …… 86
　　6.2.4　布局管理器 …… 92
　6.3　任务实施 …… 99
　　自测题 …… 100

任务 7 处理用户登录事件 ··· 102

7.1 任务描述 ··· 102
7.2 相关知识 ··· 102
7.2.1 Java 事件处理机制 ··· 102
7.2.2 动作事件 ··· 104
7.2.3 键盘事件 ··· 106
7.2.4 鼠标事件 ··· 107
7.2.5 窗口事件 ··· 112
7.3 任务实施 ··· 114
自测题 ··· 116

任务 8 用户注册功能的实现 ··· 117

8.1 任务描述 ··· 117
8.2 相关知识 ··· 118
8.2.1 单选按钮和复选框 ··· 118
8.2.2 组合框和列表框 ··· 122
8.2.3 盒式布局管理器 ··· 125
8.3 任务实施 ··· 127
自测题 ··· 131

任务 9 读写考试系统中的文件 ··· 133

9.1 任务描述 ··· 133
9.2 相关知识 ··· 133
9.2.1 输入/输出流 ··· 134
9.2.2 过滤流 ··· 139
9.2.3 数据流 ··· 141
9.2.4 文件操作类 ··· 143
9.2.5 文件的随机访问 ··· 145
9.2.6 标准输入/输出流 ··· 146
9.2.7 对象序列化 ··· 148
9.3 任务实施 ··· 150
自测题 ··· 158

任务 10 考试倒计时功能的实现 ··· 160

10.1 任务描述 ··· 160
10.2 相关知识 ··· 160
10.2.1 线程的创建 ··· 161

10.2.2　线程的管理 …………………………………………… 165
　10.3　任务实施 …………………………………………………………… 172
　自测题 ………………………………………………………………………… 174

任务 11　考试功能的实现 ……………………………………………… 178

　11.1　任务描述 …………………………………………………………… 178
　11.2　相关知识 …………………………………………………………… 180
　　　11.2.1　菜单 ……………………………………………………… 180
　　　11.2.2　菜单的事件处理 ………………………………………… 183
　　　11.2.3　工具栏 …………………………………………………… 185
　　　11.2.4　滚动面板 ………………………………………………… 187
　11.3　任务实施 …………………………………………………………… 188
　自测题 ………………………………………………………………………… 200

任务 12　SQL Server 2008 数据库的安装及使用 ………………… 201

　12.1　任务描述 …………………………………………………………… 201
　12.2　相关知识 …………………………………………………………… 201
　　　12.2.1　SQL Server 2008 数据库的安装 ……………………… 201
　　　12.2.2　SQL Server 2008 数据库的配置 ……………………… 209
　　　12.2.3　课程考试系统数据库及数据表的创建 ………………… 210
　　　12.2.4　数据的插入、删除、修改和查询 ……………………… 214
　　　12.2.5　连接数据库 ……………………………………………… 222
　　　12.2.6　访问数据库 ……………………………………………… 233
　12.3　任务实施 …………………………………………………………… 238
　自测题 ………………………………………………………………………… 240

参考文献 ………………………………………………………………………… 242

第一篇

项目开发前期准备

任务 1　Java 开发环境的安装配置

学习目标

（1）了解 Java 语言的发展历史。
（2）理解 Java 的主要特点与实现机制。
（3）熟悉 JDK 的安装及配置。

1.1　任务描述

本部分的主要学习任务是安装和配置 Java 开发环境，熟悉 Java 的机制及特点。

1.2　相关知识

1.2.1　Java 语言的产生和发展

Java 是由 Sun Microsystems 公司于 1995 年 5 月推出的 Java 程序设计语言和 Java 平台的总称。用 Java 实现的 HotJava 浏览器（支持 Java Applet）显示了 Java 的魅力：跨平台，动态的 Web、Internet 计算。从此，Java 被广泛接受并推动了 Web 的迅速发展，常用的浏览器现在均支持 Java Applet。

Java 自 1995 年诞生，至今已经有 15 年的历史。Java 名字的来源如下：Java 是印度尼西亚爪哇岛的英文名称，因盛产咖啡而闻名。Java 语言中的许多类库名称多与咖啡有关，JavaBeans（咖啡豆）、NetBeans（网络豆）以及 ObjectBeans（对象豆）等。SUN 和 Java 的标识也正是一杯正冒着热气的咖啡。

据 James Gosling 回忆，最初这个为电视机机顶盒所设计的语言在 SUN 公司内部一直被称为 Green 项目，这种新语言需要一个名字。Gosling 注意到自己办公室外一棵茂密的橡树 Oak，这是一种在硅谷很常见的树，所以他将这个新语言命名为 Oak。但 Oak 是另外一个注册公司的名字，这个名字不可能再用了。

在命名征集会上，大家提出了很多名字。最后按大家的评选次序，将十几个名字排列成表，上报给商标律师。排在第一位的是 Silk（丝绸），尽管大家都喜欢这个名字，但遭到 James Gosling 的坚决反对。排在第二位和第三位的都没有通过律师这一关。只有排在第四位的名字得到了所有人的认可和律师的通过,这个名字就是 Java。

十多年来,Java 就像爪哇咖啡一样誉满全球,成为实至名归的企业级应用平台的霸主。而 Java 语言也如同咖啡一般醇香动人。经过长时间的发展与伴随着互联网时代的来临,Java 正扮演着越来越重要的角色。

1994 年 10 月,HotJava 和 Java 平台为公司高层进行演示。1994 年,Java 1.0a 版本已经可以提供下载,但是 Java 和 HotJava 浏览器的第一次公开发布却是在 1995 年 5 月 23 日 SUN World 大会上进行的。SUN 公司的科学指导约翰·盖吉正式宣告 Java 语言的诞生。这个发布是与网景公司的执行副总裁马克·安德森的惊人发布一起进行的,宣布网景将在其浏览器中包含对 Java 的支持。1996 年 1 月,SUN 公司成立了 Java 业务集团,专门开发 Java 技术。

Java 发展历史如下:

1995 年 5 月 23 日,Java 语言诞生。

1996 年 1 月,第一个 JDK-JDK 1.0 诞生。

1996 年 4 月,10 个最主要的操作系统供应商声明将在其产品中嵌入 Java 技术。

1996 年 9 月,约 8.3 万个网页应用了 Java 技术来制作。

1997 年 2 月 18 日,JDK 1.1 发布。

1997 年 4 月 2 日,Java One 会议召开,参与者 1 万多人,创当时全球同类会议规模的纪录。

1997 年 9 月,Java Developer Connection 社区成员超过 10 万。

1998 年 2 月,JDK 1.1 被下载超过 200 万次。

1998 年 12 月 8 日,Java 2 企业平台 J2EE 发布。

1999 年 6 月,SUN 公司发布 Java 的三个版本,即标准版、企业版和微型版。

2000 年 5 月 8 日,JDK 1.3 发布。

2000 年 5 月 29 日,JDK 1.4 发布。

2001 年 6 月 5 日,NOKIA 宣布,到 2003 年将出售 1 亿部支持 Java 的手机。

2001 年 9 月 24 日,J2EE 1.3 发布。

2002 年 2 月 26 日,J2SE 1.4 发布,自此 Java 的计算能力有了大幅提升。

2004 年 9 月 30 日 18:00,J2SE 1.5 发布,成为 Java 语言发展史上的又一里程碑。为了表示该版本的重要性,J2SE 1.5 更名为 Java SE 5.0。

2005 年 6 月,Java One 大会召开,SUN 公司公开 Java SE 6.0。此时,Java 的各种版本已经更名,以便取消其中的数字 2:J2EE 更名为 Java EE,J2SE 更名为 Java SE,J2ME 更名为 Java ME。

2006 年 12 月,SUN 公司发布 JRE 6.0。

2009 年 4 月 7 日,Google App Engine 开始支持 Java。

2009 年 4 月 20 日,甲骨文公司用 74 亿美元收购 SUN 公司,取得 Java 的版权。

2010 年 11 月,由于甲骨文公司对于 Java 社区的不友善,因此 Apache 扬言将退出 JCP。

2011 年 7 月 28 日,甲骨文公司发布 Java 7.0 的正式版。

2014年3月19日,甲骨文公司发布Java 8.0的正式版。

最新版本如下:

2014年11月甲骨文公司发布了Java 9.0的新特性,比较重要的内容如下。

- 统一的JVM日志。
- 支持HTTP 2.0。
- 支持Unicode 7.0。
- 支持安全数据包传输(DTLS)。
- 支持Linux/AArch64。

1.2.2　Java语言的特点

Java作为一种面向对象语言,具有自己鲜明的特点,包括简单性、面向对象、分布式、健壮性、结构中立、安全性、可移植性、解释性、高性能、多线程、动态性等特点。

1. 简单性

Java是一个精简的系统,无须强大的硬件环境便可以很好地运行。Java的风格和语法类似于C++,因此,C++程序员可以很快就能掌握Java编程技术。Java摒弃了C++中容易引发程序错误的地方,如多重继承、运算符重载、指针和内存管理等,Java语言具有支持多线程、自动垃圾收集和采用引用等特性。Java提供了丰富的类库,便于用户迅速掌握Java。

2. 面向对象

面向对象可以说是Java最基本的特性。Java语言的设计完全是面向对象的,它不支持类似C语言那样的面向过程的程序设计技术。所有的Java程序和Applet均是对象,Java支持静态和动态风格的代码继承及重用。

3. 分布式

Java包括一个支持HTTP和FTP等基于TCP/IP协议的子库。因此,Java应用程序可凭借URL打开并访问网络上的对象,就像访问本地文件一样简单方便。Java的分布性为在分布环境尤其是Internet下实现动态内容提供了技术途径。

4. 健壮性

Java是一种强类型语言,它在编译和运行时要进行大量的类型检查。类型检查帮助用户检查出许多开发早期出现的错误。Java自己操纵内存,减少了内存出错的可能性。Java的数组并非采用指针实现,从而避免了数组越界的可能。Java通过自动垃圾收集器避免了许多由于内存管理而造成的错误。Java在程序中由于不采用指针来访问内存单元,从而也避免了许多错误发生的可能。

5. 结构中立

作为一种网络语言，Java 编译器将 Java 源程序编译成一种与体系结构无关的中间文件格式。只要是 Java 运行系统的机器都能执行这种中间代码，从而使同一版本的应用程序可以运行在不同的平台上。

6. 安全性

作为网络语言，安全是非常重要的。Java 的安全性可从两个方面得到保证：一方面，在 Java 语言里，像指针和释放内存等 C++ 功能被删除，避免了非法的内存操作；另一方面，当 Java 用来创建浏览器时，语言功能和浏览器本身提供的功能结合起来，使它更安全。Java 语言在机器上执行前，要经过很多次的测试。它经过代码校验，检查代码段的格式，检测指针操作、对象操作是否恰当以及试图改变一个对象的类型。另外，Java 拥有多个层次的互锁保护措施，能有效地防止病毒的入侵和破坏行为的发生。

7. 可移植性

Java 与体系结构无关的特性使 Java 应用程序可以在配备了 Java 解释器和运行环境的任何计算机系统上运行，这成为 Java 应用软件便于移植的良好基础。不仅如此，如果基本数据类型设计依赖于具体实现，那么也会为程序的移植带来很大不便。Java 通过定义独立于平台的基本数据类型及其运算，使 Java 数据得以在任何硬件平台上保持一致，这也体现了 Java 语言的可移植性。另外，Java 编译器本身就是用 Java 语言编写的，这说明 Java 本身具有较强的可移植性。同时 Java 语言的类库也具有可移植性。

8. 解释性

Java 解释器（运行系统）能直接对 Java 字节码进行解释执行。链接程序通常比编译程序所需资源少。

9. 高性能

虽然 Java 是解释执行程序，但它具有非常高的性能。另外，Java 可以在运行时直接将目标代码翻译成机器指令。

10. 多线程

线程有时也称小进程，是一个大进程中分出来的、小的独立运行的基本单位。Java 提供的多线程功能使在一个程序里可同时执行多个小任务，即同时进行不同的操作或处理不同的事件。多线程带来的更大好处是具有更好的网上交互性能和实时控制性能，尤其是在实现多媒体功能方面。

11. 动态性

Java 的动态特性是其面向对象设计方法的扩展。它允许程序动态地装入运行过程中所需要的类,而不影响使用这一类库的应用程序的执行,这是采用 C++语言进行面向对象程序设计时所无法实现的。

1.2.3 Java 工作机制

大多数高级语言程序的运行,只需将程序编译或者解释为运行平台能理解的机器代码后即可执行程序。然而这种方式会带来程序的移植性出问题,机器代码对计算机处理器和操作系统会有一定的依赖性。

Java 语言为了避免此类问题,将程序编译及运行工作机制调整,Java 的程序需要经过两个过程才能被执行。首先,将 Java 源程序进行编译,并不直接将其编译为与平台相对应的原始机器语言,而是编译为与系统无关的字符码。其次,再通过 Java 虚拟机(Java Virtual Machine,JVM)将编译生成的字节码在虚拟机上解释执行并生成相应的机器代码。如图 1-1 所示,所有的 *.class 文件都在 JVM 上运行,再由各种对应的 JVM 去适应各种不同的操作系统,通过 JVM 实现在不同平台上的运行。

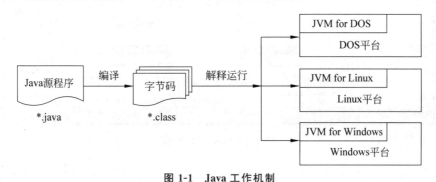

图 1-1 Java 工作机制

1.3 任 务 实 施

1.3.1 下载安装 JDK

Java 语言有两种开发环境:一种是命令行方式的 Java 开发工具集(Java Developers Kits,JDK);另一种是集成开发环境,如 NetBeans、JBuilder、Eclipse、JCreator 等。不同的开发环境所使用的方法及方便性会有所不同,但是无论在哪种开发环境下运行 Java 程序,都必须首先安装 JDK。JDK 是 SUN 公司对 Java 开发人员发布的免费软件开发工具包。

在 Oracle 公司的网站 www.oracle.com 可以下载 JDK 的最新版。JDK 下载网址为 http://www.oracle.com/technetwork/java/javase/downloads/index.html。如图 1-2 所示,单击下载界面中的最后一项 Java Archive 右侧的 DOWNLOAD 按钮,进入 JDK 早期版本下载页面,单击 Java SE 项下的 Java SE 6 下载按钮,进入早期版本列表页面,选择

Java SE Development Kit 6u20，进入 Java SE Development Kit 6u20 安装文件下载页面，首先选择 Accept License Agreement 单选按钮，然后单击 Windows(32) 操作系统的安装文件 jdk-6u20-windows-i586.exe 的下载按钮，下载安装文件 jdk-6u20-windows-i586.exe。

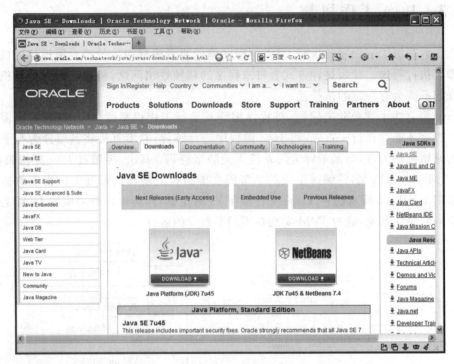

图 1-2　JDK 下载界面

下载完成后，运行安装文件。本书以 jdk1.6.0_20 版本为例，对安装过程进行说明。

（1）双击 jdk-6u20-windows-i586.exe，开始 JDK 的安装，进入安装协议条款界面，如图 1-3 所示，单击"接受"按钮。

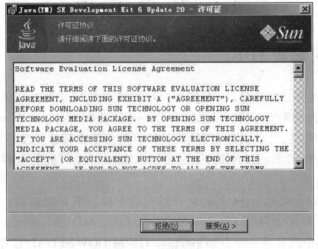

图 1-3　安装 JDK

（2）接着进入 JDK 安装选项，如图 1-4 所示，安装路径设置为 d:\java\jdk1.6.0_20\。若需要更改到其他路径，可直接输入新的路径，然后单击"确定"按钮。

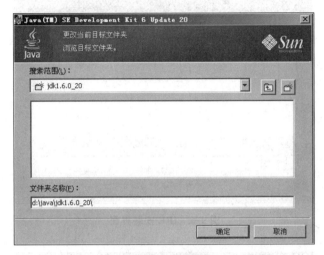

图 1-4　选择安装路径

（3）开始安装后，可以看到进度条完成的安装进度，如图 1-5 所示。

图 1-5　安装进度条

（4）JDK 安装完成后弹出 JRE 安装界面，将安装路径设置为 d:\java\jre6，如图 1-6 所示。

（5）单击"完成"按钮，结束 JDK 的安装，如图 1-7 所示。

Java 运行环境（Java Runtime Environment，JRE）是运行 Java 程序所必需的环境的集合，包含 JVM 标准实现及 Java 核心类库，其包括两部分：Java Runtime Environment 和 Java Plug-in Runtime Environment。JRE 是可以在其上运行、测试和传输应用程序的 Java 平台。JRE 包括 Java 虚拟机、Java 平台核心类和支持文件，但不包含编译器、调试器和其他工具。JRE 需要辅助软件 Java plug-in，以便在浏览器中运行 Applet。如果要自行

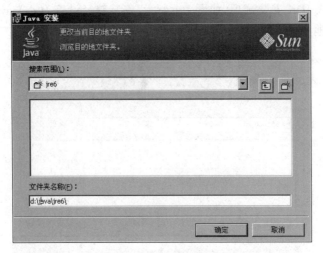

图 1-6　JRE 安装界面

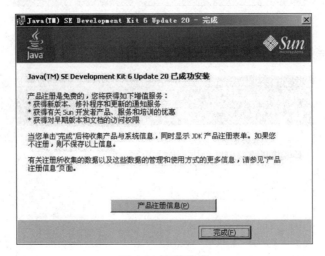

图 1-7　安装完成

开发 Java 软件,请下载 JDK,在 JDK 中附带有 JRE。注意,由于 Microsoft 对 Java 的支持不完全,请不要使用 IE 浏览器自带的虚拟机来运行 Applet,务必安装一个 JRE 或 JDK。

1.3.2　环境变量配置

(1) 在"我的电脑"上右击,选择"属性",如图 1-8 所示。

(2) 选择"系统属性"面板上的"高级"选项卡,然后单击"环境变量"按钮,如图 1-9 所示。

(3) 在打开的"系统变量"列表中,查找变量名为　图 1-8　"我的电脑"的快捷菜单

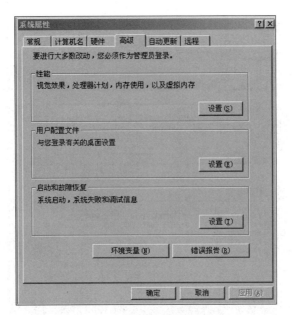

图 1-9 "系统属性"对话框

JAVA_HOME 的系统变量,如果没有出现,则单击"新建"按钮,在弹出的对话框中,"变量名"中填入 JAVA _HOME,"变量值"中填入 jdk 的安装路径(本书为 d:\java\jdk1.6.0_20),如图 1-10 所示。

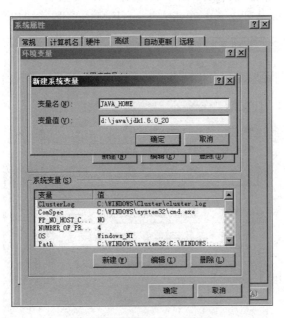

图 1-10 配置 JAVA_HOME

(4) 查找变量名为 Path 的环境变量,然后单击"编辑"按钮,在变量值的最后面加上;e:\java\jdk1.6.0_20\bin,如图 1-11 所示。

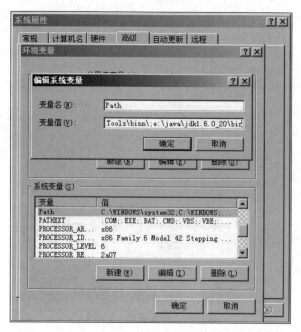

图 1-11　配置 Path

（5）查找或者新建变量名为 CLASSPATH 的环境变量，如果系统变量中没有找到该环境变量名，则单击"新建"按钮，如图 1-12 所示，在"变量名"中填入 CLASSPATH，在"变量值"中填入"E:\java\jdk1.6.0_20\lib\dt.jar;E:\java\jdk1.6.0_20\lib\tools.jar;"。

图 1-12　配置 CLASSPATH

（6）配置完成后，如要查看前面的安装及配置是否成功，可在操作系统的"运行"命令窗口中输入 cmd，按 Enter 键进入命令行模式，在命令行模式中输入 java -version，然后按 Enter 键，如正确输出 Java 的安装版本信息，则表示 Java 环境已经顺利安装成功，如图 1-13 所示。

图 1-13　验证配置是否成功

JDK 安装完成后，会在对应的目录下产生如下子目录。
- bin 目录：提供的是 JDK 的工具程序。
- demo 目录：提供了 Java 编写完成的示例程序。
- jre 目录：JDK 自己附带的 JRE 资源包。
- lib 目录：提供了 Java 工具所需的资源文件。
- src.zip：提供了 API 类的源代码压缩文件。

自　测　题

一、选择题

1. JDK 安装后，在安装路径下有若干子目录，其中包含 Java 开发包中开发工具的是（　　）目录。
　　A．\bin　　　　　B．\demo　　　　　C．\include　　　　　D．\jre
2. 在 Java 语言中，（　　）是最基本的元素。
　　A．方法　　　　　B．包　　　　　　C．对象　　　　　　D．接口
3. Java 源文件和编译后的文件扩展名分别为（　　）。
　　A．.class 和.java　　　　　　　　B．.java 和.class
　　C．.class 和.class　　　　　　　　D．.java 和.java
4. 下列选项中，不属于 Java 语言特点的一项是（　　）。
　　A．分布式　　　　B．安全性　　　　C．编译执行　　　　D．面向对象
5. Java 语言不是（　　）。
　　A．高级语言　　　　　　　　　　　B．编译型语言
　　C．结构化设计语言　　　　　　　　D．面向对象设计语言

二、填空题

1. Java 源程序编译命令是_____,运行程序命令是_____。
2. Java 虚拟机缩写是_____。
3. 在 Java 语言中,将后缀名为_____的源代码编译后形成后缀名为_____的字节码文件。
4. JDK 表示_____,JRE 表示_____。

任务 2　Eclipse 环境下系统功能需求分析与设计

学习目标

（1）熟悉 Eclipse 的安装及配置。
（2）掌握 Eclipse 开发 Java 程序的步骤。
（3）了解项目开发需求分析的内容。

2.1　任务描述

本任务主要是熟悉 Eclipse 的应用，利用 Eclipse 能够更快更好地开发 Java 相关程序。

2.2　相关知识

Eclipse 是一个开放源代码的、基于 Java 的可扩展开放平台。就其本身而言，它只是一个框架和一组服务，用于通过插件组件构建开放环境。Eclipse 附带了一个标准的插件集，包括 Java 开发工具（Java Development Tools，JDT）。Eclipse 最初由 OTI 和 IBM 两家公司的 IDE 产品开发组创建，始于 1999 年 4 月。IBM 提供了最初的 Eclipse 代码基础，包括 Platform、JDT 和 PDE。目前由 IBM 牵头，围绕着 Eclipse 项目已经发展成为一个庞大的 Eclipse 联盟，有 150 多家软件公司参与 Eclipse 项目中，其中包括 Borland、Rational Software、Red Hat 及 Sybase 等公司，最近 Oracle 等公司也计划加入 Eclipse 联盟中。可以直接从 www.eclipse.org 网站下载到 Eclipse 的最新版本，如图 2-1 所示。

本书以 Eclipse 5.0 为例，启动界面如图 2-2 所示，启动后，设置工作空间路径，即可进入 Eclipse 的工作界面，如图 2-3 所示。

图 2-1　下载 Eclipse 最新版

图 2-2　启动界面

图 2-3　Eclipse 工作界面

2.3 任务实施

2.3.1 编写第一个 Java 程序

在 Eclipse 中开发 Java 应用程序一般需要经过三个过程：新建项目和新建类(Java 源程序)；在 Eclipse 中自主生成字节码文件(*.class)；在 Eclipse 中运行字节码文件。

1. 新建项目

(1) 打开 Eclipse，进入如图 2-4 所示界面，设置工作空间，单击 OK 按钮。

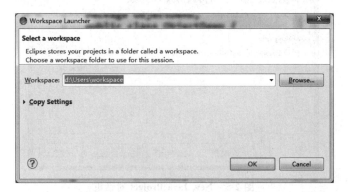

图 2-4 Workspace Launcher 对话框

(2) 在出现的工作空间界面下新建项目。选择 File→New→Java Project 命令，在打开的列表中选择 Java Project，单击"下一步"按钮，如图 2-5 所示。

输入项目名称(Project name)，单击 OK 按钮后，在工作窗口的左列会出现项目的结构树，如图 2-6 所示。

2. 新建 Java 文件

如图 2-7 所示，右击项目下的 src 文件夹，选择 New→Class 命令，在弹出的如图 2-8 所示的界面中输入类名 HelloWorld，勾选 public static void main(String[] args)前面的复选框，同时取消 Inherited abstract methods 前面的复选框。

【例 2-1】 HelloWorld.java。

```
1  public class HelloWorld
2  {
3     public static void main(String[] args)
4     {
5        //输出一字符串
6        System.out.println(" Hello World!");
7     }
8  }
```

图 2-5　New Java Project 对话框

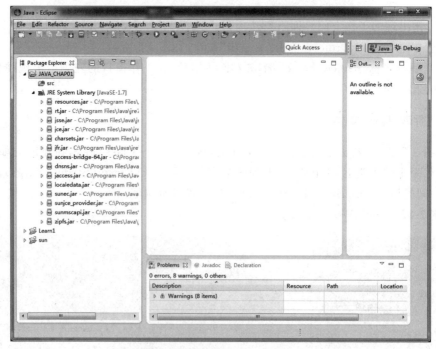

图 2-6　新建项目后的工作空间

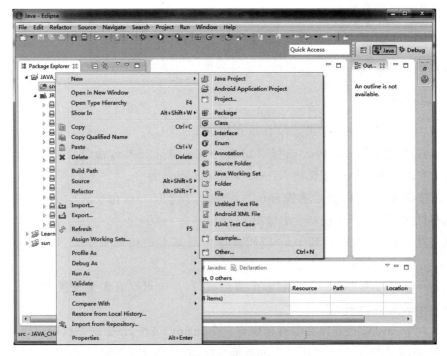

图 2-7 新建类

图 2-8 输入类名 HelloWorld

程序的运行结果如下：

Hello World!

源程序建立运行后，Java 虚拟机自动将源程序编译生成 HelloWorld.class 文件。

3. 运行程序

在 Eclipse 中，有三种方式运行 Java 程序。

(1) 右击 Helloworld.java，选择 Run As→Java Application 命令。

(2) 右击程序区并选择 Run As→Java Application 命令。

(3) 选择 Run 菜单，然后选择 Run As→Java Application 命令。

运行结果即可在下方控制台中输出。

通过这个程序，可以看到 Java 应用程序中最基本的组成要素以及如下这些基本规定。

(1) 一个 Java 程序由一个或者多个类组成，每个类可以有多个变量和方法，但是最多只有一个公共类 public。

(2) 对于 Java 应用程序必须有且仅有一个 main()方法，该方法是执行应用程序时的入口。其中，关键字 public 表明所有的类都可以调用该方法，关键字 static 表明该方法是一个静态方法，关键字 void 表示 main()方法无返回值。包含 main()方法的类成为该应用程序的主类。

(3) 在 Java 语言中字母是严格区分大小写的。

(4) 文件名必须与主类的类名保持一致，且两者的大小写也要保持一致。

(5) System.out.println 语句用来在屏幕上输出字符串，功能与 C 语言中的 printf()函数相同。

(6) Java 程序中的每条语句都要以分号";"结束(包括以后程序中出现的类型说明等)。

(7) 为了增加程序的可读性，程序中可以加入一些注释行，例如，用"//"开头的行。

2.3.2 项目需求分析与设计

1. 开发背景

随着计算机技术和网络技术的迅速发展，利用计算机进行各类考试也越来越普遍。传统的考试要出卷、制卷、评卷、登分，工作量大，且人工出卷和评卷容易受到教师个人主观因素的影响。利用计算机自动出卷、评卷，大大减轻了教师的工作量。

Java 语言作为一种当今流行的编程语言，它具有面向对象、平台独立、多线程等特点，非常适合开发桌面应用程序等。特别是 Java 语言提供了 Socket 技术，使程序员在进行网络应用程序开发时不必再考虑网络底层代码的设计，大大简化了原有的网络操作过程。

2. 需求分析

本系统应具备如下功能。

(1) 系统操作简单易用、交互界面友好。

(2) 有考生注册功能,需要必要的身份验证。

(3) 考试系统能够根据考生的题目完成情况进行评分。

(4) C/S 版本的考试支持多个考生在客户端同时连接服务器并进行考试。

3. 系统设计

(1) 考试系统(单机版 V1.0)

考试系统实现用户注册、登录、考试的功能。主要程序的功能如表 2-1 所示。

表 2-1 考试系统(单机版 V1.0)中主要程序的功能

程 序 名	功 能 说 明	程 序 名	功 能 说 明
Login_GUI.java	系统登录	Calculator.java	计算器的实现
Register_GUI.java	注册	test.xml	试题文件
Register_Login.java	对用户信息进行读写操作	Users.txt	考生信息
Test_GUI.java	进入考试环境		

(2) 考试系统(单机版 V1.1)

功能同单机版 V1.0,但是将用户信息及试题信息存放于数据库中,将文件读写改为对数据库的读写。对已有程序进行修改,同时新增部分程序,新增程序名及数据库表名如表 2-2 所示。

表 2-2 考试系统(单机版 V1.1)中的新增文件

新增程序名及数据表名	功 能 说 明
test_tm	试题文件,MySQL 数据库下的数据表
test_time	考试时间,MySQL 数据库下的数据表
userin	考生信息,MySQL 数据库下的数据表
DatabaseConnection.java	连接数据库

4. 开发环境

操作系统:Windows XP 以上版本。

Java 开发包:JDK 6 及更高版本。

数据库:SQL Server 2008 及更高版本。

自 测 题

编程题

1. 编写一个 Java 小程序,其中,$a=5, b=4, c=9$,输出 $z=(2a+b)\times c$ 的结果。
2. 编写程序输出以下内容。
(1) 这是一个 Java 程序!
(2) 这是一个 Java 编程的练习!
(3) 这是一个 Java 学习历程的开始!

任务 3 课程考试系统中学生成绩的处理

学习目标

(1) 掌握关键字、标识符相关知识。
(2) 掌握基本数据类型及其转换表示等相关知识。
(3) 熟悉常量、变量、运算符和表达式的概念和运算规则。
(4) 熟悉数组的使用。

3.1 任务描述

本任务主要利用Java基础知识对考试成绩进行相关数据的定义和处理,将其分为成绩的评价和成绩的排序两个子任务。

3.2 成绩的评价

对于给定的成绩,按照一定规则评价分数的档次。成绩评价规则如表3-1所示。

表3-1 成绩评价规则

分 数 段	评 价	分 数 段	评 价
0~60(不含60)	不及格	80~90(不含90)	良好
60~70(不含70)	及格	90~100	优秀
70~80(不含80)	中等		

本任务在实施过程中需要掌握的技术要点主要包括Java最基本语言要素的应用及流程控制语句的使用。其中流程控制语句是用来控制程序执行的顺序,使程序不只是按照语句的先后次序执行。Java语言中的结构化程序设计方法使用顺序结构、分支结构和循环结构来定义程序的流程。顺序结构是三种结构中最简单的一种,语句的执行顺序就是按照先后次序进行的。成绩的评价主要使用分支结构来完成。

1. 标识符、变量和常量

(1) 标识符

任何一个变量、常量、方法、对象和类都需要有一个名称标志它的存在,这个名称就是标识符。下面介绍 Java 程序标识符的一般命名规则和约定。

① 由字母、数字、下划线(_)或美元符号($)组成,但不能以数字开头。

② 字母区分大小写,长度没有限制。

③ 不能将关键字用作普通标识符。

例如,sys_id、$ name、_bt2 为合法的标识符。Sys-id、name＊、2bt、class 为不合法的标识符。

(2) 关键字

关键字也叫保留字,是 Java 语言保留用作专门用途的字符串,在大多数的编辑软件中,关键字会以不同的方式醒目显示。

Java 语言常用关键字如表 3-2 所示。

表 3-2　Java 语言常用关键字

基本数据类型	boolean,byte,int,char,long,float,double
访问控制符	private,public,protect
与类相关的关键字	abstract,class,interface,extends,implements
与对象相关的关键字	new,instanceof,this,super,null
与方法相关的关键字	void,return
控制语句	if,else,switch,case,default,or,do,while,break,continue
逻辑值	true,false
异常处理	try,catch,finally,throw,throws
其他	package,import,synchronized,native,final,static
停用的关键字	goto,const

其中,goto 和 const 虽然在 Java 中不被使用,但是属于 Java 关键字。

(3) 变量和常量

变量是指在程序运行过程中可以改变的量。常量则是声明后不允许在程序运行过程重新赋值或改变。变量声明格式如下:

[访问控制符] 数据类型 变量名 1[[=变量初值],变量名 2 [=变量初值],...];

例如:

    int abc=2;

常量在程序中可以是具体的值,例如,10、15.7、'B',也可以是用符号表示的常量,称为符号常量。符号常量声明的基本格式如下:

    final   数据类型   常量名 1[[=常量值], 常量名 2 [=常量初值],...];

例如：

```
final PI=3.14159;
```

通常，符号常量名习惯用大写字母表示，以示与普通变量的区别。

2. 数据类型及其转换

Java 语言中的数据类型可以分为基本数据类型和复合数据类型。如图 3-1 所示，基本类型又称为简单类型或者原始数据类型，是不可再分割、可以直接使用的类型；复合数据类型又称为引用数据类型，是指由若干相关的基本数据组合在一起形成的复杂的数据类型。在 Java 中，各种数据类型占用固定的不同长度的字节数，与程序所使用的软硬件平台无关，这一点也确保了 Java 平台的无关性。

本节重点介绍基本类型。复合数据类型将在后续任务中进行介绍。

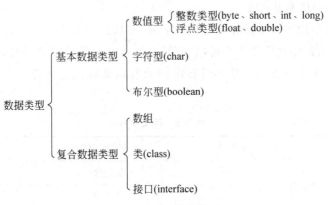

图 3-1 Java 数据类型

（1）整数类型

Java 定义 4 种整数类型：字节型(byte)、短整型(short)、整型(int)、长整型(long)，如表 3-3 所示。

表 3-3 整数类型

类型	占用字节数	取值范围	类型	占用字节数	取值范围
byte	1	$-128 \sim 127$	int	4	$-2^{31} \sim 2^{31}-1$
short	2	$-32768 \sim 32767$	long	8	$-2^{63} \sim 2^{63}-1$

（2）浮点类型

Java 中定义了两种实型：单精度(float)和双精度(double)，如表 3-4 所示。

表 3-4 浮点类型

类 型	占用字节数	取 值 范 围
float	32	$1.4E-45 \sim 3.4E+38$
double	64	$4.9E-324 \sim 1.7E+308$

实型常量有标准记数法和科学记数法两种表示方法。

注意：Java 的实型常量默认是 double 类型。因此在声明 float 型常量时，必须在数字末尾加上 f 或 F，否则编译会提示出错。例如：

```
double sum=12.3          //正确
float sum=12.3           //不正确
float sum=12.3f          //必须加上 f
```

（3）字符型

Java 中 char 表示字符型，用来表示 Unicode 编码表中的字符。Unicode 定义的国际化的字符集能表示迄今为止人类语言的所有字符集。它是几十个字符集的统一，例如拉丁文、希腊语、阿拉伯语等，因此它要求 16 位。

Java 中的 char 类型是 16 位，其范围是 0～65536，没有负数的 char。标准字符集 ASCII 码的范围仍然是 0～127。

字符型常量是用单引号括起来的单个字符。例如'a'、'A'、'%'、'!'。除了以上形式的字符常量外，Java 语言还允许使用一种以"\"开头的特殊形式的字符序列，这种字符常量称为转义字符。其含义是表示一些不可显示的或有特殊意义的字符。常见的转义字符如表 3-5 所示。

表 3-5 转义字符

功　能	字符形式	功　能	字符形式
回车	\r	单引号	\'
换行	\n	双引号	\"
水平制表	\t	八进制位	\ddd
退格	\b	十六进制位	\Udddd
换页	\f	反斜线	\\

（4）布尔型

布尔型数据类型说明符为 boolean，用来表示逻辑值，占内存 1 个字节。布尔型数据只有两个值：true 和 false。Java 语言中，布尔型数据是独立的数据类型，不支持用非 0 和 0 表示的"真"和"假"两种状态。

3. 运算符和表达式

Java 中的运算符按照其功能可分为算术运算、关系运算、逻辑运算、赋值运算、位运算和条件运算 6 类运算符。表达式是由常量、变量、方法调用以及一个或者多个运算符按照一定的规则组合在一起的式子，用于计算或者对变量进行赋值。

（1）算术运算符及表达式

算术运算符主要用于数学表达式中对数值型数据进行运算。算术运算符如表 3-6 所示。

表 3-6　算术运算符

运算符	名　称	运算符	名　称
+	加法	%	模运算
-	减法	++	递增
*	乘法	--	递减
/	除法		

(2) 关系运算符及表达式

关系运算是用来对两个操作数做比较运算。关系表达式就是用关系运算符将两个表达式连接起来的式子,其运算结果为布尔逻辑值。运算过程为：如果关系表达式成立结果为真(true),否则为假(false)。Java 语言中关系运算符如表 3-7 所示。

表 3-7　关系运算符

运算符	名　称	运算符	名　称
==	等于	<	小于
!=	不等于	<=	小于等于
>	大于	>=	大于等于

(3) 逻辑运算符及表达式

逻辑运算符的操作数是逻辑型数据,关系表达式的运算结果是布尔逻辑型数据。逻辑表达式是用逻辑运算符将关系表达式连接起来的式子,其运算结果为布尔类型。逻辑运算符如表 3-8 所示。

表 3-8　逻辑运算符

运算符	名　称	运算符	名　称
&	与	&&	短路与
|	或	||	短路或
^	异或	!	逻辑非

逻辑运算规则如表 3-9 所示。

表 3-9　逻辑运算规则

表达式 A	表达式 B	A&B	A|B	A^B	!A
false	false	false	false	false	true
false	true	false	true	true	true
true	false	false	true	true	false
true	true	true	true	false	false

运算规则可归纳为以下几种类型。

与(A&B)：有假(false)则假(false),全真(true)为真(true)。

或(A|B)：有真(true)则真(true),全假(false)为假(false)。

异或(A^B)：相同为假(false),不同为真(true)。

非(!A)：假(false)则真(true)，真(true)则假(false)。

(4) 赋值运算符及表达式

赋值运算符"＝"就是把右边表达式或操作数的值赋给左边操作数。赋值表达式就是用赋值运算符将变量、常量、表达式连接起来的式子。赋值运算符左边操作数必须是一个变量，右边操作数可以是常量、变量、表达式。

在赋值运算符"＝"前面加上其他运算符，可以组成复合运算符，表 3-10 列出了 Java 语言常用的复合运算符。

表 3-10 赋值复合运算符

运算符	名 称	使用方法	说 明
＋＝	加法赋值	a＋＝b	加并赋值，a＝a＋b
－＝	减法赋值	a－＝b	减并赋值，a＝a－b
＊＝	乘法赋值	a＊＝b	乘并赋值，a＝a＊b
／＝	除法赋值	a／＝b	除并赋值，a＝a/b
％＝	模运算赋值	a％＝b	取模并赋值，a＝a％b

(5) 位运算符

整型数据在内存中以二进制的形式表示，位运算符是用来对整型(byte、int、char、long)中的数以位(bit)为单位进行运算和操作。位运算符如表 3-11 所示。

表 3-11 位运算符

运算符	含 义	运算符	含 义
～	按位非	＆＝	位与并赋值
＆	按位与	｜＝	位或并赋值
｜	按位或	＾＝	位异或并赋值
＾	按位异或	＜＜＝	左移并赋值
＜＜	左移	＞＞＝	右移并赋值
＞＞	右移	＞＞＞＝	右移补 0 赋值
＞＞＞	右移，左边空位以 0 补充		

(6) 条件运算符及表达式

条件运算符的运算符号只有一个"?"，是一个三目运算符，要求有三个操作数。它与 C 语言的使用规则完全相同。一般形式如下：

<表达式 1>?<表达式 2>:<表达式 3>

其中表达式 1 是一个关系表达式或逻辑表达式。其结果为真时，结果执行表达式 2 的值，否则执行表达式 3 的值。

例如：

```
int x=3,y=6;
int z=x<6?x:y;
```

```
int abs=x>0?x:-x;
```

程序的运行结果如下：

```
z=3;abs=3;
```

(7) 运算符优先级

当表达式存在多个运算符时，运算符的优先级决定了表达式各部分的计算顺序。优先级高的先运算，在两个相同的优先级的运算符作运算操作时，按从左至右的原则运算。Java语言中运算符优先级如图3-2所示。

优先级	运算符
高	. [ ] ( )
	++ -- ! ~
	* / %
	+ -
	>> >>> <<
	< > <= >=
	== !=
	&
	^
	|
	&&
	||
	?:
	= += -= *= %= /= %= ^=
低	| & = != <<= >>= >>>=

图3-2 运算符优先级

4. 分支语句

分支结构又称为选择结构，根据给定条件进行判断并选择不同程序分支执行。Java语言中提供了两种分支语句，即if语句和switch语句。

(1) if语句

if语句是Java语言最基本的条件选择语句，是一个"二选一"的控制结构，基本功能是根据判断条件的值，从两个程序块中选择其中一块执行。主要格式有以下两种。

① if 语句的一般形式如下：

```
if(<条件表达式>)
    <语句组 1>;
[else
    <语句组 2>;]
```

说明：

- if 后面的条件可以是任意一个返回布尔值的表达式，其值为真或假。

- if 语句的执行过程为：若条件返回值为真,则执行语句组 1,否则执行语句组 2。
- 语句组既可以是单条语句,也可以是复合语句,复合语句需要{}括起来。
- else 分支可以省略不写,表示不执行。

其流程如图 3-3 和图 3-4 所示。

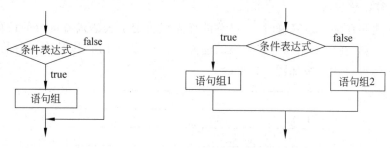

图 3-3　if 语句流程控制　　　　　图 3-4　if-else 语句流程控制

【例 3-1】　用 if-else 实现成绩评价。

源程序如下(TestIF1.java)：

```
1  public class TestIF1 {
2    public static void main(String[] args){
3      int i=65;
4      if(i>=60)
5        System.out.println("及格");
6      else
7        System.out.println("不及格");
8    }
9  }
```

程序的运行结果如下：

及格

② if 语句的嵌套形式。

在 if 语句中又包含一个或多个 if 语句时,称为 if 语句的嵌套,形式如下：

```
if(<条件 1>)
    <语句块 1>;
else if(<条件 2>)
    <语句块 2>;
else if(<条件 3>)
    ⋮
else
    <语句块 n>
```

其中,else 总是与离它最近的 if 匹配。

【例 3-2】　用多分支语句实现成绩等级评价。

源程序如下(TestIF2.java)：

```
1   public class TestIF2{
2     public static void main(String[] args){
3       int score=88;
4       if(score>=90)
5         System.out.println("优秀");
6       else if(score>=80)
7         System.out.println("良好");
8       else if(score>=70)
9         System.out.println("中等");
10      else if(score>=60)
11        System.out.println("及格");
12      else
13        System.out.println("不及格");
14    }
15  }
```

程序的运行结果如下：

良好

(2) switch 语句

switch 语句提供了一种基于一个表达式的值使程序执行不同部分的简单方法。使用 switch 语句代替 if 语句处理多种分支情况时，可以简化程序，使程序结构清晰明了，增强程序的可读性。因此，它提供了一个比使用一系列 if-else 语句更好的选择。switch 语句的一般形式如下：

```
switch(<表达式>)
{
    case<值 1>:<语句块 1>; break;
    case<值 2>:<语句块 2>; break;
     ⋮
    case<值 n>:<语句块 n>; break;
    [default:<默认语句块>;]
}
```

说明：

- 表达式必须为 byte、short、int 或 char 类型，表达式的返回值和 case 语句中的常量值(1～n)的类型必须一致。
- case 语句中的常量值(1～n)不允许相同，类型必须一致。
- 每个分支最后加上 break 语句，表示执行完相应的语句即跳出 switch 语句。
- 默认语句可以省略。
- 语句块可以是单条语句，也可以是复合语句。

【例 3-3】 用 switch 实现成绩等级评价。

源程序如下(TestSwitch.java)：

```
1   public class TestSwitch {
2     public static void main(String[] args) {
3       int score=65;
4       int i=score/10;
5       switch(i) {
6         case 6:
7         case 7:
8         case 8:
9         case 9:
10        case 10:
11            System.out.println("老年");
12            break;
13        case 4:
14        case 5:
15            System.out.println("中年");
16            break;
17        case 3:
18        case 2:
19            System.out.println("中等");
20            break;
21        default:
22            System.out.println("输入的年龄不在范围内");
23      }
24    }
25  }
```

程序的运行结果如下：

老年

3.3 成绩的排序

按照给定的年龄，按照从高到低的顺序输出。

3.3.1 相关知识

完成成绩排序所要掌握的技术要点就是循环语句和数组的使用。

1. 循环语句

循环语句的作用是反复执行一段代码，直到满足循环终止条件时为止。Java 语言支持 while、do-while 和 for 三种循环语句。所有的循环结构一般应包括 4 个基本部分。

初始化部分：用来设置循环的一些初始条件，如计数器清零等。

测试条件：通常是一个布尔表达式，每一次循环要对该表达式求值，以验证是否满足循环终止条件。

循环体：这是反复循环的一段代码，可以是单一的一条语句，也可以是复合语句。

迭代部分：这是在当前循环结束、下一次循环开始执行的语句，常常用来使计数器加 1 或减 1。

(1) while 语句

while 语句是 Java 语言最基本的循环语句，如图 3-5 所示。

while 语句的一般形式如下：

while (<条件表达式>)
{
    <循环体>；
}

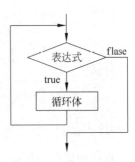

图 3-5　while 循环语句

【例 3-4】　TestWhile.java。

```
1  public class TestWhile {
2      public static void main(String[] args){
3          int i=1,sum=0;
4          while(i<=100){
5              sum+=i;
6              i++;
7          }
8          System.out.println(sum);
9      }
10 }
```

程序的运行结果如下：

sum=5050

(2) do-while 语句

do-while 语句与 while 语句非常类似，不同的是 while 语句先判断后执行，而 do-while 语句先执行后判断，循环体至少被执行一次，所以称 while 语句为"当型"循环，而称 do-while 语句为"直到型"循环，如图 3-6 所示。

do-while 语句的一般形式为：

do {
    <循环体语句>；
} while(<条件表达式>)；

图 3-6　do-while 循环语句

【例 3-5】 TestDoWhile.java。

```
1  public class TestDoWhile {
2      public static void main(String[] args){
3          int i=1,sum=0;
4          do{
5              sum+=i;
6              i++;
7          }while(i<=100);
8          System.out.println("sum="+sum);
9      }
10 }
```

程序的运行结果如下：

sum=5050

(3) for 语句

for 语句是 Java 语言中功能最强的循环语句之一（见图 3-7），for 语句的一般形式如下：

for(<表达式 1>;<表达式 2>;<表达式 3>)
{
    <循环体语句>
}

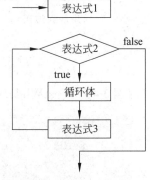

图 3-7　for 循环语句

其中：

表达式 1 用于设置控制循环的变量的初值。

表达式 2 作为条件判断部分可以是任何布尔表达式。

表达式 3 用于修改控制循环变量递增或递减，从而改变循环条件。

【例 3-6】 用 for 语句实现 1+2+3+…+100 的和。

源程序如下(TestDoWhile.java)：

```
1  public class TestDoWhile {
2      public static void main(String[] args){
3          int sum=0;
4          for(int i=1;i<=100;i++)
5              sum=sum+i;
6          System.out.println("sum="+sum);
7      }
8  }
```

程序的运行结果如下：

sum=5050

2. 跳转语句

跳转语句可以用来直接控制程序的执行流程，Java 语言提供了如下两个跳转语句：

break 和 continue 语句。这些语句经常用于简化循环体内部分支比较复杂的语句,使程序更易阅读和理解。

(1) break 语句

在 Java 语言中,break 语句有 3 个作用。

- 在 switch 语句中,break 语句的作用是直接中断当前正在执行的语句序列。
- 在循环语句中,break 语句可以强迫退出循环,使本次循环终止。
- 与标号语句配合使用,从内层循环或内层程序块中退出。

【例 3-7】 用 for 语句实现 $1+2+3+\cdots+14$ 的和。

源程序如下(TestBreak.java):

```
1   public class TestBreak {
2       public static void main(String[] args){
3           int i,sum=0;
4           for(i=1;i<=100;i++){
5               if(i% 15==0)   break;
6               sum+=i;
7           }
8           System.out.println("sum="+sum);
9       }
10  }
```

程序的运行结果如下:

sum=105

【例 3-8】 break 语句的使用。

源程序如下(TestBreakLabel.java):

```
1   public class TestBreakLabel {
2       public static void main(String[] args){
3           boolean t=true;
4           one:{
5               two:{
6                   three:{
7                   System.out.println("break 之前的语句正常输出");
8                   if(t) break two;
9                   System.out.println("two 程序块中 break 之后的语句不被执行");
10                  }
11                  System.out.println("two 程序块中 break 之后的语句不被执行");
12              }
13              System.out.println("two 程序块外的语句将被执行");
14          }
15      }
16  }
```

程序的运行结果如下:

break 之前的语句正常输出
two 程序块之外的语句将被正常执行

(2) continue 语句

continue 语句主要有两种作用：一是在循环结构中用来结束本次循环；二是与标号语句配合使用,实现从内循环中退到外循环。无标号的 continue 语句结束本次循环,有标号的 continue 语句可以选择哪一层的循环被继续执行。continue 语句用于 for、while、do-while 等循环体中,常与 if 语句一起使用。

continue 语句和 break 语句虽然都用于循环语句中,但存在本质区别：continue 语句只用于结束本次循环,再从循环起始处判断条件；而 break 语句用于终止循环,强迫循环结束,不再去判断条件。

【例 3-9】 continue 语句的使用。

源程序如下(TestContinue.java)：

```
1   public class TestContinue {
2     public static void main(String[] args){
3       int i,sum=0;
4       for(i=1;i<=100;i++){
5         if(i%15==0) continue;
6         sum+=i;
7       }
8       System.out.println("sum="+sum);
9     }
10  }
```

程序的运行结果如下：

```
sum= 4735
```

【例 3-10】 利用 continue 语句可以实现九九乘法表的输出。

源程序如下(TestContinueLabel.java)：

```
1   public class TestContinueLabel {
2     public static void main(String[] args){
3       outer:for(int i=1;i<10;i++){
4         for(int j=1;j<10;j++){
5           if(j>i){
6             System.out.println();
7             continue outer;
8           }
9           System.out.print(i+"*"+j+"="+(i*j)+"  ");
10        }
11      }
12      System.out.println();
13    }
14  }
```

程序的运行结果如下：

1＊1=1
2＊1=2 2＊2=4
3＊1=3 3＊2=6 3＊3=9
4＊1=4 4＊2=8 4＊3=12 4＊4=16
5＊1=5 5＊2=10 5＊3=15 5＊4=20 5＊5=25
6＊1=6 6＊2=12 6＊3=18 6＊4=24 6＊5=30 6＊6=36
7＊1=7 7＊2=14 7＊3=21 7＊4=28 7＊5=35 7＊6=42 7＊7=49
8＊1=8 8＊2=16 8＊3=24 8＊4=32 8＊5=40 8＊6=48 8＊7=56 8＊8=64
9＊1=9 9＊2=18 9＊3=27 9＊4=36 9＊5=45 9＊6=54 9＊7=63 9＊8=72 9＊9=81

3．数组

数组是 Java 语言中提供的一种简单的复合数据类型，是相同类型变量的集合。数组中的每个元素具有相同的数据类型，可以用一个统一的数组名和下标来唯一地确定数组中的元素，下标从 0 开始。数组有一维数组和多维数组之分。

（1）数组的声明

一维数组的声明有下列两种格式。

数组的类型[ ] 数组名
数组的类型 数组名[ ]

二维数组的声明有下列两种格式。

数组的类型[ ][ ] 数组名；
数组的类型 数组名[ ][ ]

其中：

数组的类型可以是任何 Java 语言的数据类型。

数组名可以是任何 Java 语言合法的标识符。

数组名后面的[ ]可以写在前面，也可以写在后面，前者符合 sun 的命名规则，推荐使用。例如：

```
int a[];
float b[][];
```

（2）数组的创建

Java 创建数组的两种方法：第一种方法是通过关键字 new 创建；第二种方法是进行数组的静态初始化。

数组的声明并不为数组分配内存，因此不能访问数组元素。Java 中需要通过 new 关键字为其分配内存。

为一维数组分配内存空间的格式如下：

数组名=new 数组元素的类型[数组元素的个数]；

例如：

int a[ ];
a=new a[10];

也可以写成：

int a=new a[10];

Java 语言中，由于把二维数组看作数组的数组，数组空间不是连续分配的，所以不要求二维数组每一维的大小相同。

二维数组的常用创建方法如下：

数组名[ ][ ]=new 类型标识符[第一维长度][第一维长度][...];
int b[ ][ ]=new int[3][4];

数组创建后，系统会给每个数组元素一个默认的值，如表 3-12 所示。

表 3-12 数组元素的默认值

类　型	初　值	类　型	初　值
byte,short,int,long	0	boolean	false
float	0.0f	char	'u0000'
double	0.0		

数组的静态初始化，即声明数组的同时为数组的每一个元素赋初始值。

语法格式如下：

类型[ ]<数组变量名>={逗号分隔的值列表};

例如：

int a[]={1,2,3,4};
String stringArray[]={"how","are","you"};
intb[][]={{1,2},{2,3},{3,4,5}};

以下写法是错误的：

int[] a;
ages={1,2,3,4};

数组的直接初始化可由花括号"{}"括起来的一串有逗号分隔的表达式组成，逗号(,)分隔各数组元素的值。在语句中不必明确指明数组的长度，因为它已经体现在所给出的数据元素个数中，系统会自动根据所给的元素个数为数组分配一定的内存空间，如例 3-10 中数组 a 的长度自动设置为 4。应该注意的是，"{ }"里的每一个数组元素的数据类型必须是相同的。

（3）数组的引用

一旦数组使用 new 分配了空间之后，数组长度就固定了。这时，可以通过下标引用数组元素。

一维数组元素的引用方式如下:

数组名[索引号]

二维数组元素的引用方式为

数组名[索引号1][索引号2]

其中,索引号为数组下标,它可以为整型常数或表达式,从 0 开始。例如:

a[0]=1;
b[1][2]=2;

每个数组都有一个 length 属性指明它的长度,也即数组元素的个数,例如,a.length 指明数组 a 的长度。

【例 3-11】 ArrayTest1.java。

```
1  public class ArrayTest1{
2      public static void main( String args[ ] ) {
3          int i;
4          int a[ ]=new int[5];
5          for( i=0; i<a.length; i++){
6              a[i]=i;
7          }
8          for(i=a.length-1; i>=0; i--) {
9              System.out.println("a["+i+"]="+a[i]);
10         }
11     }
12 }
```

程序的运行结果如下:

a[4]=4
a[3]=3
a[2]=2
a[1]=1
a[0]=0

【例 3-12】 ArrayTest2.java。

```
1  class ArrayTest2{
2      public static void main(String[] args) {
3       float[][] numthree;              //定义一个 float 类型的二维数组
4       numthree=new float[5][5];        //为该数组分配 5 行 5 列的空间
5       numthree[0][0]=1.1f;             //通过下标索引去访问
6       numthree[1][0]=1.2f;
7       numthree[2][0]=1.3f;
8       numthree[3][0]=1.4f;
9       numthree[4][0]=1.5f;
10      System.out.println(numthree[0][0]);
11      System.out.println(numthree[1][0]);
```

```
12        System.out.println(numthree[2][0]);
13        System.out.println(numthree[3][0]);
14        System.out.println(numthree[4][0]);
15    }
16 }
```

程序的运行结果如下：

1.1

1.2

1.3

1.4

1.5

(4) 数组复制与排序

① 数组复制。Java 提供了一个静态方法 arraycopy() 来实现数组之间的复制。数组 a 和 b 为同类型数组或可转化数组。其格式如下：

arraycopy(原数组 a,原数组起始位置 n,目标数组 b,目标数组起始位置 m,目标数组元素个数 k)

其实现了在 a 数组中的第 n 个位置插入 b 数组第 m 位置开始的 k 个元素。

【例 3-13】 CopyArray.java。

```
1  public class CopyArray{
2      public static void main(String args[]) {
3          int array_a[]=new int[] { 5, 34, 15, 27, 96, 63, 78, 47, 50, 82 };
4          int array_b[]=new int[] { 0, 0, 0, 0, 0, 0, 0, 0, 0, 0 };
5          System.arraycopy(array_b, 2, array_a, 3, 5);
6          for(int x : array_a)
7              System.out.print(x+" ");
8      }
9  }
```

注意：程序中使用了 foreach 语句。

Java 5.0 及以上版本提供了 foreach 语句的功能，在遍历数组、集合方面，foreach 为开发人员提供了极大的方便。foreach 并不是关键字，习惯上将这种特殊的 for 语句称为 foreach 语句。

foreach 语句的格式如下：

```
for(元素类型 元素变量 X:遍历对象 obj){
    引用了 x 的 Java 语句；
}
```

foreach 语句是 for 语句的特殊简化版本，任何的 foreach 语句都可以写成 for 语句版本。但是 foreach 语句并不能完全取代 for 语句。若要引用数组或者集合的索引，则 foreach 语句无法做到。

② 数组排序。静态方法 sort() 是利用快速排序的算法思想对数组进行升序排列。其格式如下：

sort(数组 a)

数组 a 的类型可以是 char、float、double 等基本数据类型。因为传入的是一个数组的引用，所以排序完成的结果也通过这个引用来更改数组。

【例 3-14】 SortArray.java。

```
1   import java.util.Arrays;
2   public class SortArray {
3       public static void main(String[] args) {
4           int number[]={ 80, 65, 76, 99, 83, 54, 92, 87, 74, 62 };
5           Arrays.sort(number); //进行排序
6           for(int i : number) {
7               System.out.print(i+" ");
8           }
9       }
10  }
```

程序的运行结果如下：

54 62 65 74 76 80 83 87 92 99

(5) 数组与方法调用

数组变量是引用变量，作为参数传递时是传值（对数组对象的引用），所以被调用方法中的参数数组变量和实际参数的数组变量引用的是同一个数组对象。因此，如果在方法中修改了任何一个数组元素，则作为实际参数的数组变量引用的数组对象也将发生改变。

【例 3-15】 CallArray.java。

```
1   public class CallArray{
2       static void f(int x){
3           x=10;
4       }
5       static void fArray (int[ ] anArray){
6           anArray[0]=10;
7       }
8       public static void main(String []args){
9           int x=0;
10          f(x);
11          System.out.println("x="+x);
12          int [ ] array={0,1};
13          fArray(array);
14          for(int i=0;i<array.length;i++){
15              System.out.print(array[i]+"  ");
16          }
17      }
18  }
```

程序的运行结果如下：

x=0
10 1

3.3.2 任务实施

利用数组存储分数及冒泡排序的算法对例 3-15（CallArray.java）中分数进行排序并输出。

【例 3-16】 Sort.java。

```java
1  public class Sort {
2    public static void main(String [] args) {
3      int number[]={80, 65, 76, 99, 83, 54, 92, 87, 74, 62};
4      for(int i=0;i<number.length; i++) {
5        for(int j=i+1; j<number.length; j++){
6          if(number[i]<number[j]){
7            int temp=number[i];
8            number[i]=number[j];
9            number[j]=temp;
10         }
11       }
12     }
13     for(int i=0; i<number.length; i++) {
14       System.out.println(number[i]+" ");
15     }
16   }
17 }
```

程序的运行结果如下：

54 62 65 74 76 80 83 87 92 99

自 测 题

一、选择题

1. 以下（　　）标识符不合法。
   A. BigMeaninglessName   B. $int
   C. 2Name   D. _THElist $
2. 下列（　　）不是 Java 保留字。
   A. if   B. sizeof   C. private   D. null

3. 设 a＝8,则表达式 a＞＞＞2 的值是(　　)。
   A. 1　　　　　B. 2　　　　　C. 3　　　　　D. 4

4. 设 x＝5,则 y＝x－－和 y＝－－x 的结果,使 y 分别为(　　)。
   A. 5,5　　　　B. 5,3　　　　C. 5,4　　　　D. 4,4

5. 若 a 的值为 3 时,下列程序段被执行后,c 值是(　　)。

   ```
   c=1;
   if(a>0)
     if(a>3)
       c=2;
     else
       c=3;
   else
     c=4;
   ```

   A. 1　　　　　B. 2　　　　　C. 3　　　　　D. 4

二、编程题

1. 利用程序求解：1!＋2!＋3!＋4!＋5!。
2. 求 100 以内所有素数,并计算它们的和。
3. 利用循环语句输出 8 行杨辉三角。

```
1
1  1
1  2  1
1  3  3  1
1  4  6  4  1
1  5  10 10 5  1
1  6  15 20 15 6  1
1  7  21 35 35 21 7  1
```

4. 求数组 a[]＝{2,5,8,31,6,8,14}和数组 b[]＝{4,12,10,9,21,6}中所有元素之和。

任务 4 课程考试系统中相关类的定义与使用

学习目标

（1）掌握面向对象的基本特征。
（2）掌握类的定义和对象的创建方法。
（3）掌握方法、变量的定义与使用。
（4）熟悉类的访问权限。
（5）掌握继承的使用方法。
（6）掌握抽象类和接口的使用方法。
（7）掌握包的创建和引用方法。

4.1 任务描述

本部分的学习任务是创建考试系统中所需要的用户信息类、实体类等。

4.2 相关知识

4.2.1 面向对象编程概述

面向对象编程（OOP）是当今最流行的程序设计技术，它具有代码易于维护、可扩展性好和代码可重用等优点。面向对象的设计方法的基本原理是按照人们习惯的思维方式建立问题的模型，模拟客观世界，从现实世界中客观存在的事物出发，并且尽可能运用人类的自然思维方式来构造软件系统。Java是一种面向对象的程序设计语言。

1. 面向对象编程的基本概念

（1）对象

对象是系统中用来描述客观事物的一个实体，它是构成系统的一个基本单位。在面向对象的程序中，对象就是一组变量和相关方法的集合，其中变量表明对象的属性，方法表明对象所具有的行为。

(2) 类

类是具有相同属性和行为的一组集合,它为属于该类的所有对象提供了统一抽象的描述,其内部包括属性和行为两个主要部分。可以说类是对象的抽象化表示,对象是类的一个实例。

(3) 消息

对象之间相互联系和相互作用的方式称为消息。一个消息由 5 个部分组成:发送消息的对象、接收消息的对象、传递消息的方法、消息的内容以及反馈信息。对象提供的服务是由对象的方法来实现的,因为发送消息实际上就是调用对象的方法。通常,一个对象调用另一个对象中的方法,即完成了一次消息传递。

2. 面向对象的编程思想

以前所有的面向过程的程序设计,例如 C 语言程序设计,采用的就是一种自上而下的设计方法,把复杂的问题一层层地分解成简单的过程,用函数来实现这些过程。其特征是以函数为中心,用函数作为划分程序的基本单位,数据在过程式设计中往往处于从属的位置,如图 4-1 所示。

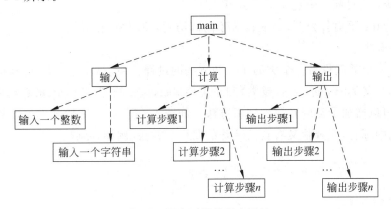

图 4-1 面向过程的程序设计

面向对象的程序设计是把复杂的问题按照现实中存在的形式分解成很多对象,这些对象以一定的形式进行交互来实现整个系统。在图 4-2 的例子中,威海的同学 A 通过网络给在上海的同学 B 订购一束花。同学 A 只需将同学 B 的地址、花的品种告知订购平台,订购平台将相关信息转给对应的销售鲜花商家,商家根据信息采购鲜花及包装礼盒,之后通过同城配送物流,送至同学 B 手中。其中,同学 A、同学 B、订购平台、销售鲜花商

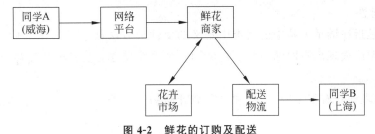

图 4-2 鲜花的订购及配送

家、物流公司可以被看作对象。对象之间相互通信并发送消息,请求其他对象执行动作来完成送花这项任务。对于同学 A 和同学 B,不必关心整个过程的细节。

3. 面向对象的基本特性

面向对象的编程主要体现了以下 3 个特性。

(1) 封装性

面向对象编程的核心思想之一就是封装性。封装性就是把对象的属性和行为结合成一个独立的单元,并且尽可能隐蔽对象的内部细节,对外形成一个边界,只保留有限的对外接口使之与外部发生联系。封装的特性使对象以外的部分不能随意存取对象的内部数据,保证了程序和数据不受外部干扰且不被误用。

面向对象的编程语言主要通过访问控制机制来实现封装,Java 语言中提供了以下 4 种访问控制级别。

- public:对外公开,访问级别最高。
- protected:只对同一个包中的类或子类公开。
- 默认:只对同一个包中的类公开。
- private:不对外公开,只能在对象内部访问,访问级别最低。

(2) 继承性

继承是一个类获得另一个类的属性和方法的过程。在 Java 语言中,通常把具有继承关系的类称为父类(superclass,超类)和子类(subclass)。子类可以继承父类的属性和方法,同时又可以增加子类的新属性和新方法。如图 4-3 所示,汽车的基本属性和方法在奔驰和法拉利中都有,而奔驰又有自己特殊的属性和方法(例如,品牌、工艺等)。

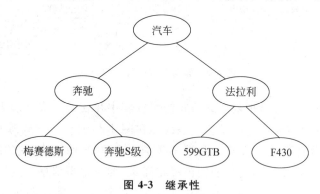

图 4-3 继承性

(3) 多态性

多态性是指在继承关系中的父类中定义的属性或方法被子类继承之后,可以具有不同的数据类型或表现出不同的行为。这使同一个属性或方法在父类及其各子类中具有不同的含义。

例如,哺乳动物有很多叫声,狗和猫是哺乳动物的子类,它们的叫声分别是"汪汪"和"喵喵"。

4.2.2 类

1. 类的定义

类通过关键词 class 来定义,一般形式如下:

```
[类定义修饰符] class  <类名>
{   //类体
    [成员变量声明]
    [成员方法]
}
```

说明:

(1) 类的定义通过关键字 class 来实现,所定义的类名应符合标识符的规定,一般类名的第一个字母用大写。

(2) 类的修饰符用于说明类的性质和访问权限,包括 public、private、abstract、final。其中,public 表示可以被任何其他代码访问,abstract 表示抽象类,final 表示最终类。类体部分定义了该类所包括的所有成员变量和成员方法。

2. 成员变量

成员变量是类的属性,声明的一般格式如下:

```
[变量修饰符]<成员变量类型><成员变量名>
```

变量修饰符有 public、protected、private 和 friendly,其中,friendly 是默认值。

成员变量分为实例变量和类变量。实例变量记录了某个特定对象的属性,在对象创建时可以对它赋值,只适用于该对象本身。变量之前用 static 进行修饰,则该变量称为类变量。类变量是一种静态变量,它的值对于这个类的所有对象是共享的,因此它可以在同一个类的不同对象之间进行信息的传递。

3. 成员方法

成员方法定义类的操作和行为,一般形式如下:

```
[方法修饰符]<方法返回值类型><方法名>([<参数列表>])
{
    方法体
}
```

成员方法修饰符主要有 public、private、protected、final、static、abstract 和 synchronized 七种,前三种的访问权限、说明形式和含义与成员变量一致。

与成员变量类似,成员方法也分为实例方法和类方法。如果方法定义中使用了 static,则该方法为类方法。public static void main(String [] args)就是一个典型的类方法。

【例 4-1】 Person.java。

```
1   class Person{
2       String name;                //实例变量
3       static int age;             //类变量
4       void move(){                //实例方法
5           System.out.println("Person move")
6       }
7       static void eat(){          //类变量
8           System.out.println("Person eat");
9       }
10  }
```

4. 方法重载

方法重载是类的重要特征之一。重载是指同一个类的定义中有多个同名的方法,但是每个重载方法的参数的类型、数量或顺序必须是不同的。每个重载方法可以有不同的返回类型,但返回类型并不足以区分所使用的是哪个方法。

【例 4-2】 定义一个 Area 类,其中定义了同名方法 getArea,实现了方法的重载。

```
1   class Area{
2       double getArea(float r){            //计算圆的面积
3           return 3.14159 * r * r;
4       }
5       double getArea(float l,float w){    //计算矩形的面积
6           return l * w;
7       }
8   }
```

4.2.3 对象

1. 对象的创建

对象的创建分为两步。

(1) 进行对象的声明,即定义一个对象变量的引用。

一般形式如下:

<类名><对象名>

例如,下列语句声明 Person 类的一个对象 a。

Person a;

(2) 实例化对象,为声明的对象分配内存,这是通过运算符 new 实现的。

new 运算符为对象动态分配(即在运行时分配)实际的内存空间,用来保存对象的数

据和代码,并返回对它的引用。该引用就是 new 分配给对象的内存地址。一般形式如下:

```
<类名><对象名>=new<类名>
```

例如:

```
Person a=new Person();
```

从图 4-4 中可以看到,对象的声明只是对创建变量的引用,并不分配内存,要分配实际内存空间,必须使用 new 关键字。

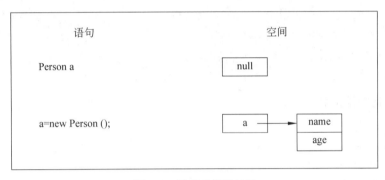

图 4-4 创建对象的过程

2. 对象的引用

创建对象之后,通过"."运算符访问对象中的成员变量和成员方法。一般形式如下:

```
<对象名>.<成员>
```

由于类变量和类方法不属于某个具体的对象,因此我们直接使用类代替对象名访问类变量或类方法。

例如,访问 Person 类中的类变量和类方法的语句如下:

```
Person.age=3;
person.eat();
```

【例 4-3】 ObjectDemo.java。

```
1  public class ObjectDemo {
2      public static void main(String[] args) {
3          Person a=new Person();
4          Person b=new Person();
5          Person c=null;
6          a.name="张三";
7          Person.age=18;
8          b.name="李四";
9          c=b;
10         System.out.println(a.name+" is "+Person.age+"  years old");
11         System.out.println(b.name+" is "+Person.age+"  years old");
12         System.out.println(c.name+" is "+Person.age+"  years old");
13         a.move();
14         Person.eat();
```

```
15       }
16   }
17   class Person {
18       String name;                //实例变量
19       static int age;             //类变量
20       void move() {               //实例方法
21           System.out.println("Person move");
22       }
23       static void eat() {         //类方法
24           System.out.println("Person eat");
25       }
26   }
```

程序的运行结果如下：

张三 is 18 years old
李四 is 18 years old
李四 is 18 years old
Person move
Person eat

【程序分析】

类属于数据引用类型，代码第 9 行是利用对象的引用赋予值，对象 b 和 c 指向同一个堆内存，因此两个对象输出的内容是相同的。

Java 中主要存在四块内存空间。

（1）栈内存空间：保存所有对象的名称。

（2）堆内存空间：保存每个对象具体的属性内容。

（3）全局数据区：保存 static 类型的属性。

（4）全局代码区：保存所有方法的定义。

3．构造方法

构造方法是定义在类中的一种特殊的方法，在创建对象时被系统自动调用，主要完成对象的初始化，即为对象的成员变量赋初值。对于 Java 语言中的每个类，系统将提供默认的不带任何参数的构造方法。如果程序中没有显式地定义类的构造方法，则创建对象时系统会调用默认的构造方法。一旦程序中定义了构造方法，系统将不再提供该默认的构造方法。

构造方法具有以下特点。

（1）构造方法名必须和类名完全相同，类中其他成员方法不能与类名相同。

（2）构造方法没有返回值类型，也不能返回 void 类型。其修饰符只能是访问控制修饰符，即 public、private、protected 中的任意一个。

（3）构造方法不能直接通过方法名调用，必须通过 new 运算符在创建对象时自动调用。

(4) 一个类可以有任意数量的构造方法,不同的构造方法根据参数个数的不同或参数类型的不同进行区分,称为构造方法的重载。

【例 4-4】 ConstructorDemo.java。

```java
1   class Person {
2     private String name;
3     private int age;
4     public Person() {
5       this.name="张三";
6       this.age=18;
7     }
8     public Person(int age) {
9       this.age=age;
10    }
11    public Person(String name, int age) {
12      this.name=name;
13      this.age=age;
14    }
15    public int getAge() {
16      return age;
17    }
18    public void setAge(int age) {
19      this.age=age;
20    }
21    public String getName() {
22      return name;
23    }
24    public void setName(String name) {
25      this.name=name;
26    }
27  }
28  public class ConstructorDemo {
29    public static void main(String args[]) {
30      Person a=new Person();
31      Person b=new Person();
32      Person c=new Person("王五", 21);
33      System.out.println(a.getName()+" is "+a.getAge()+" years old");
34      System.out.println(b.getName()+" is "+b.getAge()  +" years old");
35      System.out.println(c.getName()+" is "+c.getAge()  +" years old");
36    }
37  }
```

程序的运行结果如下:

张三 is 18 years old
张三 is 18 years old
王五 is 21 years old

4.2.4 继承

代码复用是面向对象程序设计的目标之一,通过继承可以实现代码复用。Java 中所有的类都是通过直接或间接地继承 java.lang.Object 类来创建的。子类不能继承父类中访问权限为 private 的成员变量和方法。子类可以重写父类的方法,以及命名与父类同名的成员变量。

1. 子类的创建

Java 中的继承通过 extends 关键字实现,创建子类的形式一般如下:

```
class 类名 extends 父类名{
    子类体
}
```

子类可以继承父类的所有特性,但其可见性由父类成员变量、方法的修饰符决定。对于被 private 修饰的类成员变量或方法,其子类是不可见的,也即不可访问;对于定义为默认访问(没有修饰符修饰)的类成员变量或方法,只有与父类同处于一个包中的子类可以访问;对于定义为 public 或 protected 的类成员变量或方法,所有子类都可以访问。

2. 成员变量的隐藏和方法的覆盖

子类中可以声明与父类同名的成员变量,这时父类的成员变量就被隐藏起来了,在子类中直接访问到的是子类中定义的成员变量。

子类中也可以声明与父类相同的成员方法,包括返回值类型、方法名、形式参数都应保持一致,称为方法的覆盖。

如果在子类中需要访问父类中定义的同名成员变量或方法,需要用关键字 super。Java 中通过 super 来实现对被隐藏或被覆盖的父类成员的访问。super 的使用有三种情况。

- 访问父类被隐藏的成员变量和成员方法,例如:

super.成员变量名;

- 调用父类中被覆盖的方法,例如:

super.成员方法名([参数列表]);

- 调用父类的构造方法,例如:

super([参数列表]);

super 只能在子类的构造方法中出现,并且永远都是位于子类构造方法中的第一条语句。

【例 4-5】 InheritDemo1.java。

```java
package InheritDemo;
class Person {
    private String name;
    private int age;
    public int getAge() {
        return age;
    }
    public void setAge(int age) {
        this.age=age;
    }
    public String getName() {
        return name;
    }
    public void setName(String name) {
        this.name=name;
    }
    public void move() {
        System.out.println("Person move");
    }
}
class Student extends Person {
    private float weight;                    //子类新增成员
    public float getWeight() {
        return weight;
    }
    public void setWeight(float weight) {
        this.weight=weight;
    }
    public void move() {                     //覆盖了父类的move()方法
        super.move();                        //用super调用父类的方法
        System.out.println("Student Move");
    }
}
public class InheritDemo1 {
    public static void main(String args[]) {
        Student stu=new Student();
        stu.setAge(18);
        stu.setName("张三");
        stu.setWeight(85);
        System.out.println(stu.getName()+" is "+stu.getAge()+" years old");
        System.out.println("weight: "+stu.getWeight());
        stu.move();
    }
}
```

程序的运行结果如下：

张三 is 18 years old
weight: 85.0
Person move
Student Move

3. 构造方法的继承

子类对于父类的构造方法的继承遵循以下原则。

(1) 子类无条件地继承父类中的无参构造方法。

(2) 若子类的构造方法中没有显式地调用父类的构造方法，则系统默认调用父类无参构造方法。

(3) 若子类构造方法中既没有显式地调用父类的构造方法，且父类中没有无参构造方法的定义，则编译出错。

(4) 对于父类的有参构造方法，子类可以在自己的构造方法中使用 super 关键字来调用它，但必须位于子类构造方法的第一条语句。子类可以使用 this(参数列表)调用当前子类中的其他构造方法。

【例 4-6】 InheritDemo2.java。

```
1   class SuperClass {
2       SuperClass() {
3           System.out.println("调用父类无参构造方法");
4       }
5       SuperClass(int n) {
6           System.out.println("调用父类有参构造方法："+n );
7       }
8   }
9   class SubClass extends SuperClass{
10      SubClass(int n) {
11          System.out.println("调用子类有参构造方法："+n );
12      }
13      SubClass(){
14          super(200);
15          System.out.println("调用子类无参构造方法");
16      }
17  }
18  public class InheritDemo2{
19      public static void main(String arg[]) {
20          SubClass s1=new SubClass();
21          SubClass s2=new SubClass(100);
22      }
23  }
```

程序的运行结果如下：

调用父类有参构造方法:200
调用子类无参构造方法
调用父类无参构造方法
调用子类有参构造方法:100

4. 对象的多态性

Java 中的多态性体现在方法的重载与覆盖以及对象的多态性上。对象的多态性包括向上转型和向下转型。对于向上转型,程序会自动完成,而向下转型必须明确指出转型的子类类型。

多态的实现必须具备三个条件。
- 必须存在继承。
- 必须有方法的覆盖。
- 必须存在父类对象的引用指向子类的对象。

当使用父类对象的引用指向子类的对象,Java 的多态机制根据引用的对象类型来选择要调用的方法,由于父类对象引用变量可以引用其所有的子类对象,因此 Java 虚拟机直到运行时才知道引用对象的类型,所要执行的方法需要在运行时才确定,而无法在编译时确定。

【例 4-7】 UpcastDemo.java(向上转型)。

```
1   class A {
2     void aMthod() {
3       System.out.println("Superclass->aMthod");
4     }
5   }
6   class B extends A {
7     public void aMthod() {
8       System.out.println("Childrenclass->aMthod");   //覆盖父类方法
9     }
10    void bMethod() {
11      System.out.println("Childrenclass->bmethod");
12    }   //B类定义了自己的新方法
13  }
14  public class UpcastDemo {
15    public static void main(String[] args) {
16      A a=new B();                                    //向上转型
17      a.aMthod();
18    }
19  }
```

程序的运行结果如下:

```
Childrenclass->aMthod
```

【例 4-8】 DowncastDemo.java（向下转型）。

```
1   class A {
2     void aMthod() {
3         System.out.println("A method");
4     }
5   }
6   class B extends A {
7     void bMethod1() {
8         System.out.println("B method 1");
9     }
10    void bMethod2() {
11        System.out.println("B method 2");
12    }
13  }
14  public class DowncastDemo {
15    public static void main(String[] args) {
16      A a1=new B();              //向上转型
17      a1.aMthod();               //调用父类的 aMthod()方法,a1 遗失 B 类的方法
                                     bMethod1()和 bMethod2()
18      B b1=(B) a1;               //向下转型,编译无错误,运行时无错误
19      b1.aMthod();               //调用父类的方法
20      b1.bMethod1();             //调用子类的方法
21      b1.bMethod2();             //调用子类的方法
22      A a2=new A();
23      if(a2 instanceof B)        //规避异常
24      {
25        B b2=(B) a2;
26        b2.aMthod();
27        b2.bMethod1();
28        b2.bMethod2();
29      }
30    }
31  }
```

程序的运行结果如下：

A method
A method
B method 1
B method 2

4.2.5 抽象类和接口

抽象类和接口体现了面向对象技术中对类的抽象定义的支持。因此抽象类和接口之间存在着一定的联系，同时又存在着区别。

1. 抽象类

定义抽象类的目的是建立抽象模型,为所有的子类定义一个统一的接口。在 Java 中用修饰符 abstract 将类说明为抽象类,一般格式如下:

```
abstract class 类名{
    类体
}
```

抽象类不能直接实例化,即不能用 new 运算符创建对象。

2. 接口

Java 语言中不支持多重继承,而是采用接口技术代替。一个类可以同时实现多个接口。
(1) 定义接口

使用 interface 来定义一个接口。接口的定义与类的定义类似,也是分为接口的声明和接口体,其中接口体由常量定义和方法定义两部分组成。定义接口的基本格式如下:

```
[修饰符] interface 接口名 [extends 父接口名列表]{
    [public] [static] [final] 常量;
    [public] [abstract] 方法;
}
```

说明:

- **修饰符**:可选,用于指定接口的访问权限,可选值为 public。如果省略则使用默认的访问权限。
- **接口名**:必选参数,用于指定接口的名称,接口名称必须是合法的 Java 标识符。一般情况下,要求首字母大写。
- **extends 父接口名列表**:可选参数,用于指定要定义的接口继承自哪个父接口。当使用 extends 关键字时,父接口名为必选参数。
- **方法**:接口中的方法只有定义而没有被实现。

例如,定义一个用自计算的接口,在该接口中定义了一个常量 PI 和两个方法,具体代码如下:

```
public interface CalInterface
{
    final float PI=3.14159f;              //定义用于表示圆周率的常量 PI
    float getArea(float r);               //定义一个用于计算面积的方法 getArea()
    float getCircumference(float r);      //定义一个用于计算周长的方法
    getCircumference()
}
```

注意:与 Java 的类文件一样,接口文件的文件名必须与接口名相同。

(2) 实现接口

定义接口后,就可以在类中实现该接口。在类中实现接口可以使用关键字

implements，其基本格式如下：

[修饰符] class<类名>[extends 父类名] [implements 接口列表]{
}

说明：

- 修饰符：可选参数，用于指定类的访问权限，可选值为 public、abstract 和 final。
- 类名：必选参数，用于指定类的名称。类名必须是合法的 Java 标识符。一般情况下，要求首字母大写。
- extends 父类名：可选参数，用于指定要定义的类继承自哪个父类。当使用 extends 关键字时，父类名为必选参数。
- implements 接口列表：可选参数，用于指定该类实现的是哪些接口。当使用 implements 关键字时，接口列表为必选参数。当接口列表中存在多个接口名时，各个接口名之间使用逗号分隔。

【例 4-9】 InterfaceDemo.java。

```
1   interface Flyanimal {
2       void fly();
3   }
4   class Insect {
5       int legnum=6;
6   }
7   class Bird {
8       int legnum=2;
9       void egg() {
10      }
11  }
12  class Ant extends Insect implements Flyanimal {
13      public void fly() {
14          System.out.println("Ant can fly");
15      }
16  }
17  class Pigeon extends Bird implements Flyanimal {
18      public void fly() {
19          System.out.println("Pigeon can fly");
20      }
21      public void egg() {
22          System.out.println("Pigeon can lay eggs ");
23      }
24  }
25  public class InterfaceDemo {
26      public static void main(String args[]) {
27          Ant a=new Ant();
28          a.fly();
29          System.out.println("Ant's legs are "+a.legnum);
30          Pigeon p=new Pigeon();
31          p.fly();
32          p.egg();
33      }
34  }
```

程序的运行结果如下：

```
Ant can fly
Ant's legs are 6
Pigeon can fly
Pigeon can lay aggs
```

4.2.6 包

包（package）是 Java 提供的一种区别于类的命名空间的机制，是类的组织方式，是一组相关类和接口的集合，它提供了访问权限和命名的管理机制。

Java 中提供的包主要有以下 3 种用途。

（1）将功能相近的类放在同一个包中，可以方便查找与使用。

（2）由于在不同包中可以存在同名类，所以使用包在一定程度上可以避免命名冲突。

（3）在 Java 中，某次访问权限是以包为单位的。

1. 创建包

创建包可以通过在类或接口的源文件中使用 package 语句实现，package 语句的语法格式如下：

package 包名；

其中，包名为必选，用于指定包的名称，包的名称为合法的 Java 标识符。当包中还有包时，可以使用"包1.包2.….包n"进行指定，其中，包1为最外层的包，而包n则为最内层的包。

package 语句通常位于类或接口源文件的第一行。例如，定义一个类 Circ，将其放入 com.wgh 包中的代码如下：

```
package com.wgh;
public class Circ {
    final float PI=3.14159f;         //定义一个用于表示圆周率的常量 PI
    //定义一个绘图的方法
    public void draw(){
        System.out.println("画一个圆形!");
    }
}
```

说明：在 Java 中提供的包相当于系统中的文件夹。例如，上面代码中的 Circ 类如果保存到 C 盘根目录下，那么它的实际路径应该为 C:\com\wgh\Circ.java。

2. 使用包中的类

类可以访问其所在包中的所有其他类，还可以使用其他包中的所有 public 类。访问其他包中的 public 类可以有以下两种方法。

(1) 使用长名引用包中的类

使用长名引用包中的类比较简单，只需要在每个类名前面加上完整的包名。例如，创建 Circ 类（保存在 com.wgh 包中）的对象并实例化该对象的代码如下：

```
com.wgh.Circ circ=new com.wgh.Circ();
```

(2) 使用 import 语句引入包中的类

由于使用长名引用包中的类的方法比较烦琐，所以 Java 提供了 import 语句来引入包中的类。import 语句的基本语法格式如下：

```
import 包名1[.包名2....].类名|*;
```

当存在多个包名时，各个包名之间使用"."分隔，同时包名与类名之间也使用"."分隔。

"*"表示包中所有的类。

例如，引入 com.wgh 包中的 Circ 类的代码如下：

```
import com.wgh.Circ;
```

如果 com.wgh 包中包含多个类，也可以使用以下语句引入该包下的全部类。

```
import com.wgh.*;
```

Java 为用户提供了 130 多个预先定义好的包，本书常用的包如下。

- java.applet：包含所有实现 Java Applet 的类。
- java.awt：包含抽象窗口工具集的图形、文本、窗口 GUI 类。
- java.awt.event：包含由 AWT 组件触发的不同类型事件的接口和类的集合。
- java.awt.font：包含与字体相联系的接口和类的集合。
- java.lang：包含 Java 程序设计所必需的最基本的类集，如 String、Math、Integer、System 和 Thread，并提供常用功能。
- java.net：包含所有输入/输出类。
- java.io：包含所有实现网络功能的类。
- javax.swing：包含所有图形界面设计中 swing 组件的类。

4.3 任务实施

在考试系统中定义类，在 Person 类和 Question 类中定义相关属性和方法。

【例 4-10】 Person 类。

```
1    class Person implements Serializable {
2        private String name;
3        private String password;
```

```
4      public String getName() {
5          return name;
6      }
7      public void setName(String name) {
8          this.name=name;
9      }
10     public String getPassword() {
11         return password;
12     }
13     public void setPassword(String password) {
14         this.password=password;
15     }
16 }
```

【例 4-11】 Question 类。

```
1  class Question{
2      private String detail="";
3      private String standardAnswer;
4      public String getDetail(){
5          return detail;
6      }
7      public String getStandardAnswer(){
8          return standarAnswer;
9      }
10     public String getSelectedAnswer(){
11         return SelectedAnswer;
12     }
13     public void setDetail(String s){
14         detail=s;
15     }
16     public void setStandardAnswer(String s){
17         standardAnswer=s;
18     }
19     public void setSelectedAnswer(String s){
20         selectedAnswer=s;
21     }
22     public boolean checkAnswer(){
23         if(standardAnswer.equals(selectedAnswer))
24             return true;
25         return false;
26     }
27     public String toString(){
28         return(standardAnswer+"\t"+selectedAnswer);
29     }
30 }
```

自 测 题

一、选择题

1. 在 Java 中,能实现多重继承效果的方式是(　　)。
   A. 内部类　　　　B. 适配器　　　　C. 接口　　　　D. 同步

2. int 型 public 成员变量 MAX_LENGTH,该值保持为常数 100,则定义这个变量的语句是(　　)。
   A. public int MAX_LENGTH=100
   B. final int MAX_LENGTH=100
   C. public const int MAX_LENGTH=100
   D. public final int MAX_LENGTH=100

3. 下列叙述中,错误的是(　　)。
   A. 父类不能替代子类　　　　　　　　B. 子类能够替代父类
   C. 子类继承父类　　　　　　　　　　D. 父类包含子类

4. 下列关于继承的叙述正确的是(　　)。
   A. 在 Java 中允许多重继承
   B. 在 Java 中一个类只能实现一个接口
   C. 在 Java 中一个类不能同时继承一个类和实现一个接口
   D. Java 的单一继承使代码更可靠

5. 下列关于内部类的说法不正确的是(　　)。
   A. 内部类的类名只能在定义它的类或程序段中或在表达式内部匿名使用
   B. 内部类可以使用它所在类的静态成员变量和实例成员变量
   C. 内部类不可以用 abstract 修饰符定义为抽象类
   D. 内部类可作为其他类的成员,而且可访问它所在类的成员

二、编程题

1. 猜数字游戏:一个类 A 有一个成员变量 v,该变量有一个初值为 100。定义一个类,对 A 类的成员变量 v 的值进行判断。如果大于 v 变量的值则提示"大了",小于 v 变量的值则提示"小了",等于 v 变量的值则提示"猜测成功"。

2. 请定义一个交通工具(Vehicle)的类,具体如下。
   - 属性:速度(speed)、体积(size)等。
   - 方法:移动(move( ))、设置速度(setSpeed(int speed))、加速 speedUp( )、减速 speedDown( )等。

   最后在测试类 Vehicle 的 main( )方法中实例化一个交通工具对象,并通过方法给它初始化 speed 和 size 变量的值,并且打印出来。另外,调用加速、减速的方法对速度进行

改变。

3. 在程序中经常要对时间进行操作，但是并没有时间类型的数据。那么，可以自己实现一个时间类来满足程序中的需要。

定义名为 MyTime 的类，其中应有三个整型成员：时（hour）、分（minute）、秒（second）。为了保证数据的安全性，这三个成员变量应声明为私有。为 MyTime 类定义构造方法，以方便创建对象时初始化成员变量。再定义 display 方法，用于将时间信息打印出来。

任务5 捕获课程考试系统中的异常

> **学习目标**
>
> (1) 熟悉异常类的层次结构,能够区别 Error 类和 Exception 异常类及其处理机制。
> (2) 了解 Java 的异常处理机制。
> (3) 掌握在程序中使用 try-catch-finally 语句结构处理异常的方法。
> (4) 掌握异常的声明和抛出的方法。
> (5) 掌握自定义异常的方法。

5.1 任务描述

课程考试系统中在用户注册时,可能会出现准考证号输入异常的情况,比如输入了不合法的字符或者输入字符的长度超出了预定的范围等,这时就需要利用 Java 系统所提供的异常方法捕获异常并进行处理。本任务将学习如何利用 Java 异常处理机制处理程序中的异常。

5.2 相关知识

在进行程序设计时,错误的产生是不可避免的,错误主要包括语法错误和运行错误。语法错误是指编译过程中被检测出来的错误,这种错误一旦产生程序将不再运行,修改正确之后才能继续运行。但是并非所有的错误都能在编译期间检测到,有些错误有可能会在程序运行时才暴露出来。例如,想打开的文件不存在、网络连接中断、操作数超出预定范围等,这类在程序运行时产生的出错情况称为运行错误。这类运行错误如果没有及时进行处理,可能会造成程序中断、数据遗失乃至系统崩溃等问题。

在 Java 语言中,把这种在程序执行期间发生的错误事件,从而影响了程序的正常运行的错误称为异常。在不支持异常处理机制的传统程序设计语言中,需要包含很长的代码来识别潜在的运行错误的条件,利用设置为真或假的变量来对错误进行捕获,若相似的错误条件必须在每个程序中分别处理,这显然麻烦而且低效。但是 Java 语言中提供了系统化的异常处理功能,利用这种功能能够开发用于重复利用的稳定程序。

【例 5-1】 程序中没有任何异常处理的相关代码,编译时能够顺利通过,但运行时屏幕显示错误信息,并中断程序的运行。

源程序如下(TestException.java):

```
1  class TestException{
2      public static void main(String  args[]){
3          int a=8,b=0;
4          int c=a/b;          //除数为 0,出现异常
5          System.out.print(c);
6      }
7  }
```

程序的运行结果如下:

```
Exception in thread "main" java.lang.ArithmeticException:/by zero
at TestException.main(TestException.java:5)
```

【程序分析】

程序出现错误是因为除数为零。Java 发现了这个错误之后,便由系统抛出 ArithmeticException 异常,用来说明错误的原因以及出错的位置,并停止程序的运行。因此,如果程序没有编写处理异常的程序代码,则 Java 的默认异常处理机制会抛出异常,然后终止程序的运行。

5.2.1 异常类

在 Java 语言中,对很多可能出现的异常都进行了标准化,将它们封装成了各种类,并统一称为异常类。当程序在运行过程中出现异常类时,Java 虚拟机就会自动地创建一个相应的异常对象类,并将该对象作为参数抛给处理异常的方法。图 5-1 为 Java 语言中的异常类结构。

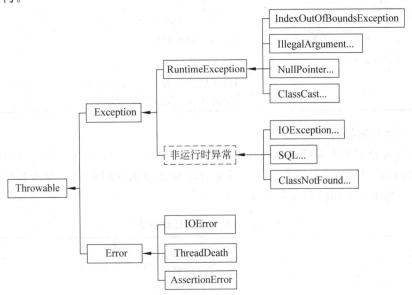

图 5-1 Java 语言中异常类的层次结构

Java 中的所有异常都派生于 Throwable 类或其子类，而 Throwable 类又直接继承自 Object 类。Throwable 类有两个子类：Exception 和 Error 类。图 5-1 显示了各异常之间的继承关系。

1. Error 类

Error 类的错误代表了程序无法恢复的异常情况。这类错误不需要程序处理，常见的 Error 类错误有内存溢出、虚拟机错误和动态链接失败等。

2. Exception 类

Exception 类错误是指程序有可能恢复的异常情况。这些异常通常在捕获之后可以做一些处理，可以确保程序继续运行。从异常的继承层次结构图中可以看出，Exception 类的若干子类中根据是否是程序自身导致的，将所有的异常类分为以下两种。

（1）运行时异常

运行时异常（RuntimeException 类）是由程序错误导致的异常，例如错误的类型转换、数组访问越界和访问空指针等。对于 RuntimeException 异常，即使不编写异常处理的程序代码，程序依然可以编译成功，因为该异常是在程序运行时才有可能发生。由于这类异常产生得比较频繁，并且通过细心编程完全可以避免。如果显式地通过异常处理机制去处理，则会影响整个程序的运行效率。因此，对于 RuntimeException 异常，一般由系统自动检测，并将它们交给默认的异常程序处理。表 5-1 列出了几种常见的 RuntimeException 异常类。

表 5-1 常见的 RuntimeException 异常类

异　常　类	功　　能
ArithmeticException	除数为零的异常
IndexOutOfBoundsException	下标越界异常
ArrayIndexOutOfBoundsException	访问数组元素的下标越界异常
StringIndexOutOfBoundsException	字符串下标越界异常
ClassCaseException	类强制转换异常
NullPointerException	当程序试图访问一个空数组中的元素，或访问一个空对象中的方法或变量时产生的异常

（2）非运行时异常

非运行时异常是由程序外部问题引起的，也就是由于程序运行时某些外部问题导致的异常，例如要访问的文件不存在等。非运行时异常要求在编程时必须捕获并做相应处理。表 5-2 列出了常用的非运行时异常类。

表 5-2 常用的非运行时异常类

异　常　类　名	功　　能
ClassNotFoundException	指定类或接口中不存在的异常
IllegalAccessException	非法访问异常

续表

异常类名	功能
IOException	输入/输出异常
FileNotFoundException	找不到指定文件的异常
ProtocolException	网络协议异常
SocketException	Socket 操作异常
MalformedURLException	统一资源定位器(URL)格式不正确的异常

5.2.2 异常的捕获和处理

当异常发生时如果不去处理,程序很难继续执行下去。因而高质量的程序应该在运行时及时捕获所有可能会出现的异常。所谓捕获异常,就是指某个负责处理异常的代码块捕捉或截获被抛出的异常对象的过程。如果某个异常发生时没有得到及时捕获,那程序就会在发生异常的地方终止执行,并在控制台(命令行)上打印出异常信息,其中包括异常的类型和堆栈信息。捕获异常后,应用程序虽然终止了当前的流程,但转而会执行专门处理异常的过程,或者有效地结束程序的执行。

要想正确捕获异常,可以使用 try-catch-finally 语句来实现。

```
try{
    正常程序段,可能抛出异常
}
catch(异常类 1 异常变量){
    捕获异常类 1 有关的处理程序段
}
catch(异常类 2 异常变量){
    捕获异常类 2 有关的处理程序段
}
...
finally{
    一定会运行的程序代码
}
```

1. try 块捕获异常

try 用于监控可能发生异常的程序代码块是否发生异常,如果发生异常,try 部分将抛出异常类所产生的异常类对象并立刻结束执行,然后转向执行处理异常代码 catch 块。对于系统产生的异常或程序块中未用 try 监视所产生的异常,将一律被 Java 运行系统自动将异常对象抛出。

2. catch 处理异常

抛出的异常对象如果属于 catch()括号内欲捕捉的异常类,则 catch 会捕获此异常,然后进入 catch 块里继续运行。catch 包括两个参数:一个是捕获的异常类型,必须是

Throwable 类的子类;另一个是参数名,用来引用被捕获的对象。catch 块所捕获的对象并不需要与它的参数类型精确匹配,它可以捕获参数中指出的异常类的对象及其所有子类的对象。

在 catch 块中对异常处理的操作时,会根据异常的不同而执行不同的操作,例如,可以进行错误恢复或者退出系统,可以打印异常的相关信息,包括异常的名称、产生异常的方法名、方法调用的完整的执行栈的轨迹等。表 5-3 列出了异常类的常用方法。

表 5-3 异常类的常用方法

常用方法	功　能
void String getMessage()	返回异常对象的一个简短描述
void String toString()	获取异常对象的详细信息
void printStackTrace()	在追踪信息控制台上打印异常对象和它的追踪信息

【例 5-2】 TryCatchDemo.java。

程序代码如下:

```
1   public class TryCatchDemo{
2     public static void main(String args[]){
3       try {
4           int a=8,b=0;
5           int c=a/b;
6           System.out.print(c);
7       }
8       catch(ArithmeticException e){
9           System.out.println("发生的异常简短描述是: "+e.getMessage());
10          System.out.println("发生的异常详细信息是: "+e.toString());
11      }
12     }
13  }
```

程序的运行结果如下:

发生的异常简短描述是:/ by zero
发生的异常详细信息是:java.lang.ArithmeticException:/by zero

【程序分析】

(1) 第 9 行输出异常对象的简短描述。
(2) 第 10 行输出异常对象的详细描述。
(3) 用 finally 代码块进行清除工作。

finally 代码块是可选的,通过 finally 语句可以为异常处理提供一个统一的出口,使在控制流转到程序的其他部分以前,能够对程序的状态做统一处理。不论在 try 代码块中是否发生了异常,finally 代码块中的语句都会被执行。通常 finally 语句中可以进行资源的清除工作,例如,关闭打开的文件、删除临时文件等。

【例 5-3】 TryCatchFinally.java。

程序代码如下：

```
1   public class TryCatchFinally{
2     public static void main(String args[]){
3       try {
4           int   arr[]=new int[5];
5           arr[5]=100;
6       }catch(ArrayIndexOutOfBoundsException e)   {
7           System.out.println("数组越界!");
8       }catch(Exception e){
9           System.out.println("捕获所有其他的Exception类异常!");
10      }
11      finally {
12          System.out.println("程序无条件地执行该语句!");
13      }
14    }
15  }
```

程序的运行结果如下：

数组越界！
程序无条件地执行该语句！

【程序分析】

当程序中可能出现多种异常时，可以分别用多个 catch 语句捕获，往往将最后一个 catch 语句的异常类指定为所有异常类的父类 Exception，这时为了避免若发生的异常不能和 catch 语句中所提供的异常类型匹配时，则全部交由 catch(Exception e)对应的程序代码来处理。但要注意，异常子类必须在其任何父类之前使用，若将 catch(Exception e) 作为第一条 catch 语句，则所有异常将被其捕获，而不能执行到其后的 catch 语句。

5.2.3 异常的抛出

当一个方法可能生成某种异常，但是不能确定如何处理这种异常时，可以声明抛出异常，表明该方法将不处理异常，而由该方法的调用者负责处理。

异常的抛出使用 throw 关键字来进行处理。throws 从某种程度上实现了将处理异常的代码从正常流程代码中分离开，使异常沿着调用层次向上抛出，交由调用它的方法来处理。

异常抛出的语法：

throw new 异常类();

其中异常类必须是继承 Throwable 的子类。

【例 5-4】 TestException2.java。

程序代码如下：

```
1   class TestException2
2   {   static void throwOne(int i)
3       {   if(i==0)
4           throw new ClassNotFoundException();
5       }
6       public static void main(String args[])
7       {
8           throwOne(0);
9       }
10  }
```

【程序分析】

第 2 行代码中的 throwOne()方法通过 throw 将产生的 classNotFoundException 异常对象抛出。但是该程序仍然有编译错误，这是因为在 main()方法中调用 throwOne(0)时没有对异常处理。

5.2.4 异常的声明

如果程序中定义的方法可能产生异常，可以直接在 throws 方法中捕获并处理该异常，也可以向上传递，由调用它的方法来处理异常。这时需要在该方法名后面进行异常的声明，表示该方法中可能有异常产生。通过 throws 子句列出了可能抛出的异常类型。若该方法中可能抛出多个异常，则将异常类型用逗号分隔。

throws 子句的方法声明的一般格式如下：

<类型说明>方法名(参数列表) throws<异常类型列表>
{
    方法体;
}

【例 5-5】 将例 5-4 进行改进，添加异常的声明。

程序代码如下：

```
1   class TestException3{
2     static void throwOne(int i) throws ArithmeticException {
3       if(i==0)
4         throw new ArithmeticException("i 值为零");
5     }
6     public static void main(String  args[]){
7       try{
8         throwOne(0);
9       }
10      catch(ArithmeticException e){
11        System.out.println("已捕获到异常错误："+e.getMessage());
12      }
13    }
14  }
```

程序的运行结果如下：

已捕获到异常错误：i 值为零

【程序分析】
(1) 第 2 行进行了异常声明，调用 throwOne()前必须先捕获异常，或将异常抛出。
(2) 第 4 行满足条件则抛出异常。
(3) 第 7 行调用 throwsOne()，用 try-catch 捕获异常。

5.2.5 自定义异常类

系统定义了有限的异常用于处理可以预见的较为常见的运行错误，对于某个应用程序所特有的运行错误，有时则需要创建自己的异常类来处理特定的情况。用户自定义的异常类只需继承一个已有的异常类就可以了，包括继承 Exception 类及其子类，或者继承已定义好的异常类。如果没有特别说明，可以直接用 Exception 类作为父类。自定义类的语法格式如下：

```
class 异常类名 extends Exception
{
    …
}
```

由于 Exception 类并没有定义它自己的任何方法，它继承了 Throwable 类提供的方法，所以，任何异常都继承了 Throwable 定义的方法，常用方法如表 5-3 所示，也可以在自定义的异常类中覆盖这些方法中的一个或多个方法。

自定义异常不能由系统自动抛出，只能在方法中通过 throw 关键字显式地抛出异常对象。使用自定义异常的步骤如下：

(1) 通过继承 java.lang.Exception 类声明自定义的异常类。
(2) 在方法的声明部分用 throws 语句声明该方法可能抛出的异常。
(3) 在方法体的适当位置创建自定义异常类对象，并用 throw 语句将异常抛出。
(4) 调用该方法时对可能产生的异常进行捕获，并处理异常。

【例 5-6】 演示了如何创建自定义异常类以及如何通过 throw 关键字抛出异常。
源程序如下(ExceptionDemo.java)：

```
1  class MyException extends Exception { //继承了 Exception 这个父类
2    privateint detail;
3    MyException(int a) {
4      detail=a;}
5    public String toString() {
6      return "MyException["+detail+"]";
7    }
8  }
```

```
9   class ExceptionDemo {
10      static void compute(int a) throws MyException {
11        System.out.println("调用 compute("+a+")");
12        if(a>10)
13           throw new MyException(a);
14           System.out.println("正常退出");
15      }
16      public staticvoid main(String[] args) {
17         try {
18             compute(1);
19             compute(20);
20         } catch(MyException e) {
21             System.out.println("捕捉 "+e);
22             //这样就可以用自己定义的类来捕捉异常了
23         }
24      }
25   }
```

程序的运行结果如下:

调用 compute(1)
正常退出
调用 compute(20)
捕捉 MyException[20]

【程序分析】

(1) 第 1 行自定义异常类 MyException 继承自 Exception 类。
(2) 第 11 行进行了异常的声明。
(3) 第 14 行满足条件后抛出异常。
(4) 第 18~24 行调用 compute()方法捕获异常。

5.3 任务实施

任务要求:自定义年龄异常,当输入的年龄大于 50 岁或小于 18 岁,将抛出异常。
源程序如下(Age.java):

```
1   class AgeException extends Exception{
2      String message;
3      AgeException(String name,int m){
4        message=name+"的年龄是"+m+",不正确";
5      }
6      public String toString(){
7         return message;
8      }
9   }
```

```
10  class User{
11    private int age=1;
12    private String   name;
13    User(String name){
14       this.name=name;
15    }
16    public void setAge(int age) throws AgeException{
17      if(age>=50||age<=18)
18        throw new AgeException(name,age);//抛出异常后,导致方法结束
19      else
20        this.age=age;
21    }
22    public int getAge(){
23      System.out.println("年龄"+age+":输入正确");
24      return age;
25    }
26  }
27  public class Age{
28    public static void main(String args[]){
29       User 张三=new User("张三");
30       User 李四=new User("李四");
31       try {
32          张三.setAge(-20);
33          System.out.println("张三的年龄是"+张三.getAge());
34       }
35       catch(AgeException e){
36          System.out.println(e.toString());
37       }
38       try {
39          李四.setAge(18);
40          System.out.println("李四的年龄是"+李四.getAge());
41       }
42       catch(AgeException e){
43          System.out.println(e.toString());
44       }
45    }
46  }
```

程序的运行结果如下：

张三的年龄是 20,不正确
李四的年龄是 18,不正确

【程序分析】

(1) 第 1～9 行定义了异常子类 AgeException。

(2) 第 16 行定义了 setAge()方法并进行异常的声明。

(3) 第 17～19 行中年龄大于等于 50 岁或小于 18 岁时抛出异常。

(4) 第 31～37 行调用 setAge()方法时必须捕获异常。

自 测 题

一、选择题

1. (　　)可以抛出异常。
   A. transient　　　　B. finally　　　　C. throw　　　　D. static

2. 给出下面的代码。
   ```
   class test{
       public static void main(String args[]){
           int a[]=new int[10];
           System.out.println(a[10]);
       }
   }
   ```
   程序编译及运行时,以下描述正确的是(　　)。
   A. 编译时将产生错误
   B. 编译时正确,运行时将产生异常
   C. 编译时将产生异常
   D. 输出空值

3. 对于已经被定义过可能抛出异常的语句,在编程时(　　)。
   A. 必须使用 try-catch 语句处理异常,或用 throw 将其抛出
   B. 如果程序错误,必须使用 try-catch 语句处理异常
   C. 可以置之不理
   D. 只能使用 try-catch 语句处理

4. 如果一个程序段中有多个 catch 块,程序会(　　)。
   A. 每个 catch 块都执行一次
   B. 把每个符合条件的 catch 块都执行一次
   C. 找到适合的异常类型后就不再执行其他 catch 块
   D. 找到适合的异常类型后继续执行后面的 catch 块

5. 下列描述了 Java 语言通过面向对象的方法进行异常处理的好处,请选出不在这些好处范围之内的一项(　　)。
   A. 把各种不同的异常事件进行分类,体现了良好的继承性
   B. 把错误处理代码从常规代码中分离出来
   C. 可以利用异常处理机制代替传统的控制流程
   D. 这种机制对具有动态运行特性的复杂程序提供了强有力的支持

6. 下列关于捕获异常的顺序,说法正确的是(　　)。
   A. 应先捕获父类异常,再捕获子类异常
   B. 应先捕获子类异常,再捕获父类异常

C. 有继承关系的异常不能在同一个 try 块中被捕获

D. 如果先匹配到父类异常,后面的子类异常仍然可以被匹配到

7. 以下按照异常应该被捕获的顺序排列的是(　　)。

A. Exception、IOException、FileNotFoundException

B. FileNotFoundException、Exception、IOException

C. IOException、FileNotFoundException、Exception

D. FileNotFoundException、IOException、Exception

8. 下列不属于错误的是(　　)。

A. 动态链接失败　　　　　　　B. 虚拟机错误

C. 线程死锁　　　　　　　　　D. 被零除

二、填空题

1. 异常可分为两大类:＿＿＿＿与＿＿＿＿。这两个类均继承自＿＿＿＿类。

2. 对于＿＿＿＿异常,即使不编写异常处理的程序代码,依然可以编译成功,对于＿＿＿＿异常类,例如 IOException,这一类异常即使通过仔细编程也无法避免。

3. 异常的抛出可以分为两大类:一类是通过＿＿＿＿抛出;另一类则是通过＿＿＿＿抛出。

4. 异常的抛出处理是由＿＿＿＿、＿＿＿＿、＿＿＿＿三个关键字所组成的程序块。

5. 关键字＿＿＿＿用于异常的抛出,关键字＿＿＿＿用于异常的声明。

三、修改以下程序,使其能正确捕获到异常并处理

```java
public class EX5_1{
    public static void main(String[] args){
        try{
            int num[]=new int[10];
            System.out.println("num[10] is"+num[10]);
        }
        catch(Exception ex){
            System.out.println("Exception");
        }
        catch(RuntimeException ex){
            System.out.println("RuntimeException");
        } catch(ArithmeticException ex){
            System.out.println("ArithmeticException");
        }
    }
}
```

第二篇

学生在线系统的开发

任务 6 设计用户登录界面

> **学习目标**
>
> （1）掌握框架窗口、面板容器的使用方法。
> （2）掌握常用组件 JButton、JRadioButton、JCheckBox、JLabel、JTextField、JTextArea、JPasswordField 的构造方法和常用方法。
> （3）掌握常用布局管理器 FlowLayout、BorderLayout、GridLayout、CardLayout 的使用方法。

6.1 任务描述

本任务是创建用户登录界面中的容器与组件。用户登录界面设计整个考试系统的入口，它需要用户进行必要的身份验证，因此包含了最基本的要素——提供用户名和密码输入的编辑区域，引导用户进入相应功能模块的"登录""注册""取消"按钮，如图 6-1 所示。本任务中将通过学习 AWT 和 Swing 中的组件类和容器类，构建一个用户登录界面，以及创建界面上的相关组件。

图 6-1 用户登录界面

6.2 相关知识

6.2.1 Java GUI 概述

GUI 是图形用户界面（Graphics User Interface）的英文缩写。GUI 程序给用户提供了一个直观而且操作方便、快捷的用户环境。在 Java 语言中,为了方便 GUI 的开发,设计了专门的类库来生成各种标准图形界面元素和处理图形用户界面的各种事件,这个用来生成 GUI 的类库就是 java.awt 包和 java.swing 包。

1. AWT 和 Swing

AWT(Abstract Window Toolkit)工具包提供了支持 GUI 设计的类和接口,由 java.awt 包提供。

AWT 中的图形函数与操作系统所提供的图形函数之间有着一一对应的关系。也就是说,当我们利用 AWT 来构建图形用户界面时,实际上是在利用操作系统提供的图形库。由于不同操作系统的图形界面库提供的功能是不一样的,在一个平台上存在的功能,在另外一个平台上则可能不存在了,很难实现 Java 语言的"一次编译,到处运行"的特性。

由于 AWT 不能满足图形化用户界面发展的需要,Java 2(JDK 1.2)推出后,增加了一个新的 Swing 包,由 javax.swing 提供。Swing 是在 AWT 的基础上构建了一套新的图形界面系统,所有组件都完全使用 Java 编写,因此 Swing 组件具有良好的跨平台性。Swing 可以看作 AWT 的改良版,而不是代替 AWT,是对 AWT 的提高和扩展。所以在写 GUI 程序时,Swing 和 AWT 都有使用。它们共存于 Java 基础类(Java Foundation Class,JFC)中。Swing 和 AWT 虽然均提供了构造图形界面元素的类,但由于 AWT 在不同平台上运行相同的程序时,界面的外观和风格会有一些差异。而 Swing 的应用程序在任何平台上都会有相同的外观和风格,故本任务中主要介绍 Swing 组件的应用。

2. 组件与容器

组件(Component)是图形用户界面的基本组成部分,是可视化图形显示在屏幕上与用户进行交流的对象。Java 中包含许多基本组件,如按钮、标签、滚动条、列表、单选按钮/复选框等。

容器是用来放置各种组件的,它自身也是一个组件。容器(Container)是 Component 类的子类,所有组件的超类都是 Component 类,把组件的共有操作都定义在 Component 类中。同样,为所有容器类定义超类 Container,把容器的共有操作都定义在 Container 类中。由 Container 类的子类和间接子类创建的对象均称为容器。容器本身也是一种组件,可以通过 add()方法向容器中添加组件,也可以把一个容器添加到另一个容器中以实现容器的嵌套,容器具有组件的所有性质。

如图 6-2 所示为 Swing 提供的 GUI 组件类,以及它们之间的继承关系。

在这个结构图中,组件分为两大类,分别是基本组件类和高级组件类。在基本组件类中包含按钮类、文本类和其他类。在该结构图中没有涉及 JFrame 等窗口组件,该组件将在 6.2.2 小节中介绍。

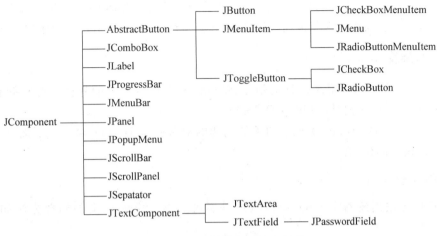

图 6-2 Swing 提供的 GUI 组件类

6.2.2 窗口与面板

创建图形用户界面程序的第一步是创建一个容器类,以容纳其他组件。容器是一种特定的组件,用于组织、管理和显示其他组件。容器类可以分为两种:顶级容器和面板类容器。顶级容器是不依赖于其他组件而直接显示在屏幕上的容器组件。在 Swing 中,有 3 种可以使用的顶层容器类:JFrame、JDialog 和 JApplet。其中 JApplet 用来设计可以嵌入在网页中的 Java 小程序。

在 Java 程序中可以作为容器的类是继承自 Container 类的,AWT 和 Swing 包与 Container 类的继承关系如图 6-3 所示。

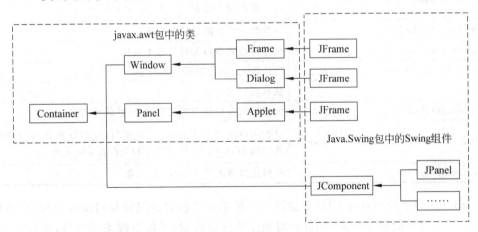

图 6-3 AWT 和 Swing 包与 Container 类的继承关系

Container 用于对组件进行归类,是所有组件的容器,框架、面板和 Applet 都是容器的子类。JComponent 是所有轻量级 Swing 组件的父类。JFrame 是不包含在其他窗口内的框架窗口。JDialog 是下拉列表框或者消息框,通常作为接收来自用户的附加信息或者提供事件产生通告的临时对话框。JPanel 是承载用户界面组件的不可见容器。面板可以嵌套，也可以将面板放入其他面板以及 Java 应用程序或 Java Applet 程序的框架中。

1. 框架窗口

框架窗口（JFrame）用来设计类似于 Windows 中窗口形式的界面。有标题栏以及"最小化"按钮、"最大化"按钮和"关闭"按钮。

用 Swing 中的 JFrame 类或它的子类创建的对象就是 JFrame 窗口。下面是创建一个 JFrame 窗口的代码。

```
JFrame jfr=new JFrame();
```

使用该方法创建的 JFrame 窗口默认是不可见的。JFrame 类的构造方法如表 6-1 所示。

表 6-1 JFrame 类的构造方法

构造方法	功　能
JFrame()	创建无标题的不可见窗口对象
JFrame(String title)	创建一个新的、初始不可见的、具有指定标题的 JFrame

JFrame 类中的其他常用方法如表 6-2 所示。

表 6-2 JFrame 类中的其他常用方法

方法名称	功　能
setBounds（int x, int y, int width, int height）	参数 x、y 指定窗口出现在屏幕上的位置；参数 width、height 指定窗口的宽度和高度。单位均为像素
setSize(int width,int height)	设置窗口的大小，参数 width、height 指定窗口的宽度和高度。单位均为像素
setBackground(Color c)	以参数 c 设置窗口的背景颜色
setVisible(Boolean b)	参数 b 设置窗口为可见或不可见
setTitle(String name)	以参数 name 设置窗口的名字
getTitle()	获取窗口的名字
setResizable(Boolean m)	设置当前窗口是否可调整大小（默认可调整大小）
setDefaultCloseOperation(int operation)	设置用户在此窗体上单击"关闭"按钮时默认执行的操作。其中值 JFrame.EXIT_ON_CLOSE 表示关闭窗口
getContentPane()	返回此窗体的 ContentPane 对象

JFrame 类使用 Swing GUI 方案把一个框架分成包含分层面板的特殊面板、菜单栏、内容面板和透镜面板等。向 JFrame 对角中添加组件时，不能直接添加组件，而首先应该获得该 JFrame 对象内容面板的引用，然后向该面板添加组件。

下面通过一个实例来具体说明如何创建 JFrame 类。

【例 6-1】用 JFrame 类创建窗口，窗口位于主界面的左上角，大小为（300,300）。窗口背景色为蓝色，效果如图 6-4 所示。

程序代码如下(JFrameDemo.java)：

```
1    import java.awt.Color;
2    import java.awt.Container;
3    import javax.swing.JFrame;
4    public class JFrameDemo {
5      public static void main(String[] args) {
6        //自动生成 stub 方法
7        JFrame myBasicJFrame=new JFrame();                              //1
8        myBasicJFrame.setTitle("第一个 JFrame 窗口");                    //2
9        myBasicJFrame.setBounds(0,0,300,300);                           //3
10       Container contentPane=myBasicJFrame.getContentPane();           //4
11       contentPane.setBackground(Color.blue);                          //5
12       myBasicJFrame.setDefaultCloseOperation(JFrame.EXIT_ON_CLOSE);   //6
13       myBasicJFrame.setVisible(true);                                 //7
14     }
15   }
```

程序的运行结果如图 6-4 所示。

【程序分析】

（1）第 7 句用来声明一个 JFrame 对象。

（2）第 8 句用于设置窗口的标题。

（3）第 9 句用于设置 JFrame 对象的位置和大小。

（4）第 10 句获得窗口的内容面板 contentpane。

（5）第 11 句是设置内容面板的背景颜色为蓝色。

（6）第 12 句是设置单击"关闭"按钮时退出该程序。

（7）第 13 句用于窗口显示，默认情况下 JFrame 对象不会显示出来。

图 6-4 例 6-1 的界面

2. JPanel 面板

面板(JPanel)是一种通用容器组件。容器组件是包含其他组件的特殊组件,可以在 JPanel 中放置按钮、文本框等非容器组件。JPanel 的默认布局为 FlowLayout。

JPanel 类的常用构造方法如表 6-3 所示。

表 6-3 JPanel 类的常用构造方法

构造方法	概述
JPanel()	创建一个 JPanel 对象
JPanel(LayoutManager layout)	创建 JPanel 对象时指定布局 layout
void add(Component comp)	将组件添加到 JPanel 面板上
void setBackground(Color c)	设置 JPanel 的背景色
void setLayout(LayoutManager layout)	设置 JPanel 的布局管理器

【例 6-2】 在窗口中添加 2 个 JPanel，分别设置不同的背景颜色，效果如图 6-5 所示。

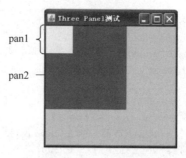

图 6-5 例 6-2 的效果

程序代码如下（JPanelDemo.java）：

```
1   import java.awt.Color;
2   import javax.swing.JFrame;
3   import javax.swing.JPanel;
4   public class JPanelDemo extends JFrame {
5     public JPanelDemo( String title){
6         super(title);
7     }
8     public static void main(String args[]) {
9       JPanelDemo fr=new JPanelDemo("Two Panel 测试");     //1
10      JPanel pan1=new JPanel();                           //2
11      JPanel pan2=new JPanel();                           //3
12      fr.setLayout(null);                                 //4
13      fr.getContentPane().setBackground(Color.green);     //5
14      fr.setSize(250,250);                                //6
15      pan1.setLayout(null);                               //7
16      pan1.setBackground(Color.red);                      //8
17      pan1.setSize(150,150);                              //9
18      pan2.setBackground(Color.yellow);                   //10
19      pan2.setSize(50,50);                                //11
20      pan1.add(pan2);                                     //12
21      fr.getContentPane().add(pan1);                      //13
22      fr.setVisible(true);                                //14
23    }
24  }
```

【程序分析】

（1）第 1 句代码用于声明一个 JFrame 窗口，并设置窗口标题。

（2）第 2、3 句代码声明两个 JPanel 对象。

（3）第 4 句是将窗口的布局设置为空。

（4）第 5 句代码用于设置窗口的背景颜色为绿色。

（5）第 6 句代码设置窗口的大小。

（6）第 7 句将面板 1 的布局设置为空。

(7) 第 8、9 句分别设置面板 1 和面板 2 的大小。

(8) 第 12 句将面板 1 加入面板 2 中。

(9) 第 13 句则是将面板 1 加入窗体中。

思考：若不采用继承,该如何修改例 6-2 来实现相同的功能?

3. 滚动面板

当一个容器内放置了许多组件,而容器的显示区域不足以同时显示所有组件时,这时可以让容器带滚动条,通过移动滚动条的滑块,容器中其他位置上的组件就能看到。滚动面板(JScrollPane)就能实现这样的要求,JScrollPane 是带有滚动条的面板。JScrollPane 是 Container 类的子类,也是一种容器,但是只能添加一个组件。如果有多个组件需添加,首先应该把这些组件添加到一个 JPanel 中,然后把这个 JPanel 添加到 JScrollPane 中。JScrollPane 类的构造方法和常用方法如表 6-4 所示。

表 6-4 JScrollPane 类的构造方法和常用方法

构造方法和常用方法	功 能
JScrollPane()	创建一个空的滚动面板
JScrollPane(Component com)	创建一个指定了显示对象的滚动面板,之后再用 add( )方法将 JScrollPane 对象放置于窗口中
setHorizontalScrollBarPolicy (int policy)	设置水平滚动条,有如下三个值,其作用如下。 JScrollPane. HORIZONTAL_SCROLLBAR_ALWAYS：水平滚动条总是可见。 JScrollPane. HORIZONTAL_SCROLLBAR_AS_NEEDED：水平滚动条需要时才显示。 JScrollPane. HORIZONTAL_SCROLLBAR_NEVEN：水平滚动条总是不可见
setVerticalScrollBarPolicy (int policy)	设置垂直滚动条,有如下三个值,其作用如下。 JScrollPane. VERTICAL_SCROLLBAR_ALWAYS：垂直滚动条总是可见。 JScrollPane. VERTICAL _SCROLLBAR_AS_NEEDED：垂直滚动条需要时才显示。 JScrollPane. VERTICAL _SCROLLBAR_NEVEN：垂直滚动条总是不可见

以下代码是将文本区放置于滚动面板的代码。

```
JTextArea textA=new JTextArea(20,30);
JScrollPane jsp=new JScrollPane(textA);
jsp.getContentPane().add(textA);    //将含文本区的滚动面板加入当前窗口中
```

6.2.3 常用的组件

1. 按钮类组件

在图形用户界面系统中,使用最广泛的组件就是按钮类组件。Swing 中的按钮类有按钮(JButton)、单选按钮(JRadioButton)和复选框(JCheckBox)。本小节只介绍按钮的使用方法。

JButton 类的构造方法和常用方法如表 6-5 所示。

表 6-5　JButton 类的构造方法和常用方法

构造方法和常用方法	功　能
JButton()	创建不带有文本或图标的按钮
JButton(Icon icon)	创建一个带图标的按钮
JButton(String text)	创建一个带文本的按钮
JButton(String text,Icon icon)	创建一个带初始文本和图标的按钮
void setText(String text)	设置按钮所显示的文本
String getText()	获得按钮所显示的文本
setToolTipText(String s)	设置提示文字

可以为按钮添加图标。图标是固定大小的图像,通常很小,用于点缀组件。图标可以通过 ImageIcon 类从图像文件中获得。下面的代码段为从 icon.gif 文件中加载图标来创建一个 JButton 按钮。

```
ImageIcon icon=new ImageIcon("icon.gif");
JButton jb=new JButton("Icon",icon);
```

2. 标签

标签(JLabel)是最简单的 Swing 组件。标签对象的作用是对界面组件进行声明。可以设置标签的属性,如其前景颜色、背景颜色和字体等,但不能动态地编辑标签中的文本。JLabel 类的构造方法和常用方法如表 6-6 所示。

表 6-6　JLabel 类的构造方法和常用方法

构造方法和常用方法	功　能
JLabel()	创建一个不显示文字的标签
JLabel(String s)	创建一个显示文字为 s 的标签
JLabel(String s,int align)	创建一个显示文字为 s 的标签,并设置其对齐方式。有三种对齐方式:JLabel.LEFT、JLabel.CENTER、JLabel.RIGHT 分别代表左对齐、居中对齐、右对齐
setText(String s)	设置标签显示的文字

续表

构造方法和常用方法	功　能
getText()	获取标签显示的文字
setBackground(Color c)	设置标签的背景颜色。标签的默认背景颜色是容器的背景颜色
setForeground(Color c)	设置标签的前景颜色。默认颜色是黑色

【例 6-3】 在窗口中放置一个文本标签和一个命令按钮，效果如图 6-6 所示。

图 6-6　例 6-3 的效果

程序代码如下（JlabelDemo.java）：

```
1   import javax.swing.JButton;
2   import javax.swing.JFrame;
3   import javax.swing.JLabel;
4   import javax.swing.JPanel;
5   public class JlabelDemo extends JFrame{
6     private JlabelDemo(){
7       super("JLabel示例");
8     }
9     public static void main(String[] args) {
10      JlabelDemo jf=new JlabelDemo();
11      JPanel pan=new JPanel();
12      JLabel lab1=new JLabel("文本标签");
13      JButton btn=new JButton("按钮");
14      pan.add(lab1);
15      pan.add(btn);
16      jf.add(pan);
17      jf.setLocation(300, 300);
18      jf.setSize(250, 200);
19      jf.setResizable(false);
20      jf.setVisible(true);
21    }
22  }
```

3. 文本组件

文本组件是用来对文本进行编辑的组件。常用的文本组件有 JTextField、JTextArea 和 JPasswordField。

(1) JTextField 组件

JTextField 是一个轻量级的文本组件,它允许编辑单行文本。JTextField 具有建立字符串的方法,此字符串用作触发操作事件的命令字符串。JTextField 类的构造方法如表 6-7 所示。

表 6-7　JTextField 类的构造方法

构 造 方 法	功　　能
JTextField()	创建一个空的文本框
JTextField(String text)	创建一个初始文本 text 的文本框
JTextField(int columns)	创建一个具有指定列数的空文本框
JTextField(String text,int columns)	创建一个具有指定列数和初始化文本的文本框

使用下面的语句创建一个长度为 11 和初始内容为"Hello World!"的 JTextField 对象。

```
JTextField text=new JTextField("Hello World!",11);
```

JTextField 类的常用方法如表 6-8 所示。

表 6-8　JTextField 类的常用方法

常 用 方 法	功　　能
getText()	返回文本框中输入的文本值
getColumns()	返回文本框的列数
setText(string text)	设置文本框中的文本值
setEditable(Boolean b)	设置文本框是否为只读状态
setColumns(int columns)	设置文本框中的列数,然后验证布局
setFont(Font f)	设置当前的字体
setHorizontalAligment(int aligment)	设置文本的对齐方式,对齐方式有以下三种:JTextField.LEFT、JTextField.CENTER、JTextField.RIGHT

(2) JTextArea 组件

与 JTextField 类不同,JTextArea 是一个文本区组件,提供一个多行区域来显示纯文本,它的构造方法见表 6-9。JTextArea 类的常用方法如表 6-10 所示。

表 6-9　JTextArea 类的构造方法

构 造 方 法	功　　能
JTextArea()	创建一个空的文本区域
JTextArea(String text)	创建一个初始文本为 text 的文本区域
JTextArea(int columns)	创建一个具有指定列数的空文本区域
JTextArea(String text,int columns)	创建一个具有指定列数和初始化文本的文本区域
JTextArea(int rows,int columns)	创建一个有 rows 行、columns 列的文本区域

表 6-10 JTextArea 类的常用方法

常 用 方 法	功　　能
void append(String str)	将指定文本追加到文档末尾
int getColumns()	返回 TextArea 中的列数
int getRows()	返回文本区域中的行数
void insert(String str,int pos)	将指定文本插入指定位置
setColumns(int columns)	设置此文本区域中的列数
setFont(Font f)	设置当前的字体
setRows(int rows)	设置此文本区域的行数
setLineWrap(Boolean b)	设置为自动换行,默认情况下不自动换行

以下代码创建一个文本区,并设置为能自动换行。

```
JTextArea textA=new JTextArea("我是一个文本区",10,10);
TextA.setLineWrap(true);
```

当文本区中的内容较多,不能在文本区中全部展示时,可给文本区配上滚动条。给文本区设置滚动条可用以下代码方便地实现。

```
JTextArea ta=new JTextArea();
JScrollPane jsp=new JScrollPane(ta);        //给文本区添加滚动条
```

(3) JPasswordField 组件

JPasswordField 类继承自 JTextField 类,它一般不直接显示用户输入的字符,而是通过其他字符表示用户的输入,例如"∗"。它通过 SetEchoChar()方法可以设置回显的字符。JPasswordField 类的常用方法如表 6-11 所示。

表 6-11 JPasswordField 类的常用方法

常 用 方 法	功　　能
getEchochar()	返回回显的字符
getPassword()	返回密码框中所包含的文本
setEchoChar(char c)	设置密码框中的回显字符

【例 6-4】 实现在线考试系统的登录界面,界面如图 6-7 所示。

图 6-7 登录界面

程序代码如下(Login_GUI.java)：

```java
1  import java.awt.Font;
2  import javax.swing.JButton;
3  import javax.swing.JFrame;
4  import javax.swing.JLabel;
5  import javax.swing.JPanel;
6  import javax.swing.JPasswordField;
7  import javax.swing.JTextField;
8  public class Login_GUI {
9      public static void main(String[] args) {
10         new LoginFrame();
11     }
12 }
13 class LoginFrame extends JFrame {
14     private JPanel pan;
15     private JLabel namelabel, pwdlabel, titlelabel;
16     private JTextField namefield;
17     private JPasswordField pwdfield;
18     private JButton loginbtn, registerbtn, cancelbtn;
19     public LoginFrame() {
20         pan=new JPanel();
21         titlelabel=new JLabel("欢迎使用考试系统");
22         titlelabel.setFont(new Font("隶书", Font.BOLD, 24));
23         namelabel=new JLabel("用户名：");
24         pwdlabel=new JLabel("密码：");
25         namefield=new JTextField(16);
26         pwdfield=new JPasswordField(16);
27         pwdfield.setEchoChar('*');
28         loginbtn=new JButton("登录");
29         registerbtn=new JButton("注册");
30         cancelbtn=new JButton("取消");
31         pan.add(titlelabel);
32         pan.add(namelabel);
33         pan.add(namefield);
34         pan.add(pwdlabel);
35         pan.add(pwdfield);
36         pan.add(loginbtn);
37         pan.add(registerbtn);
38         pan.add(cancelbtn);
39         this.add(pan);
40         this.setTitle("用户登录");
41         this.setSize(300, 200);
42         this.setLocationRelativeTo(null); //设置窗体居中显示
43         this.setVisible(true);
44     }
45 }
```

知识扩展

下面介绍字体类(Font)和颜色类(Color)。

1. 字体类(Font)

字体类的构造方法如下：

Font(String name,int style,int size)

根据字体名(name)、字形(style)和字体大小(size)创建对象。

Font 类提供了一套基本字体和字体类型。因为 Java 不受操作平台的约束，所以一些不常用字体会被转化成本地平台支持的字体。字体是一个字符集。字体通过指定其逻辑字体名、字形和字体大小来实例化。

Font 类用下面的常数来指定字形。

Font.BOLD：粗体。

Font.ITALIC：斜体。

Font.PLAIN：原样显示，不加修饰体。

Font.BOLD+Font.ITALIC：粗体加斜体。

2. 颜色类 Color

Color 类定义有关颜色的常量和方法。其构造方法如下：

Color(int rgb)   //使用指定的组合 RGB 创建 Color 对象

RGB 值共 24 位，其中 0~7 位代表蓝色，8~15 位代表绿色，16~23 位代表红色。如当红色分量 R 为 0，绿色分量 G 为 255，蓝色分量 B 为 255 时，可以用十六进制 0x00FFFF 表示青蓝的 RGB 值。

使用 0~255 范围内的整数，指定红、绿和蓝三种颜色比例来创建 Color 对象。

Color(int r,int g,int b)

使用在 0.0~1.0 范围内的浮点数，指定红、绿和蓝三种颜色比例来创建 Color 对象。

Color(float r,float g,float b)

不论使用哪种构造方法创建 Color 对象，都需要指定新建颜色中的 R、G、B 三色的比例。Java 提供的这三个构造方法用不同的方式确定 RGB 的比例。

Color 类的数据成员常量如表 6-12 所示。

表 6-12 Color 类的数据成员常量

颜色数据成员常量	颜色	RGB 值
public final static Color red	红	255,0,0
public final static Color green	绿	0,255,0
public final static Color blue	蓝	0,0,255
public final static Color black	黑	0,0,0
public final static Color white	白	255,255,255
public final static Color yellow	黄	255,255,0

续表

颜色数据成员常量	颜色	RGB值
public final static Color orange	橙	255,200,0
public final static Color cyan	青蓝	0,255,255
public final static Color magenta	洋红	255,0,255
public final static Color pink	淡红	255,175,175
public final static Color gray	灰	128,128,128

在例6-2中,已经使用setBackground(Color.green)设置背景色为绿色,还可以使用setBackground(new Color(0,255,0))方法或者setBackground(new Color(0x00ff00))方法。

6.2.4 布局管理器

布局管理器是Java中用来控制组件排列位置的一种界面管理API(Application Programming Interface,应用程序接口)。Java.awt中定义了多种布局类,每种布局类对应一种布局的策略。常用的布局管理器有FlowLayout、BorderLayout、GridLayout、CardLayout和null(空布局)。

1. 流式布局

流式布局(FlowLayout)是将其中的组件按照加入的先后顺序从左到右排列,一行排满之后转到下一行,继续从左到右排列,每一行中的组件都居中排列,这是一种最简单的布局策略。JPanel默认使用流布局。FlowLayout类的构造方法如表6-13所示。FlowLayout类的常用方法如表6-14所示。

表6-13 FlowLayout类的构造方法

构造方法	功能
FlowLayout()	构造一个默认的FlowLayout。默认情况下,组件居中,间隙为5个像素
FlowLayout(int align)	设定每一行组件的对齐方式。三个取值分别为:FlowLayout.LEFT、FlowLayout.RIGHT、FlowLayout.CENTER
FlowLayout(int align, int hgap, int vgap)	设定对齐方式,并设定组件的水平间距hgap和垂直间距vgap

表6-14 FlowLayout类的常用方法

常用方法	功能
void setHgap(int hgap)	设置组件之间的水平方向间距
void setVgap(int vgap)	设置组件之间的垂直方向间距
void setAlignment(int align)	设置组件的对齐方式

使用超类Container的setLayout()方法为容器设定布局。例如,代码setLayout

(new FlowLayout())为容器设定 FlowLayout 布局;将组件加入容器的方法是 add(组件名)。

【例 6-5】 流式布局实例。

程序代码如下(FlowLayoutDemo.java):

```
1  import java.awt.FlowLayout;
2  import java.awt.Font;
3  import javax.swing.JButton;
4  import javax.swing.JFrame;
5  public class FlowLayoutDemo extends JFrame{
6    public FlowLayoutDemo() {
7      setLayout(new FlowLayout());
8      setFont(new Font("Helvetica", Font.PLAIN, 14));
9      getContentPane().add(new JButton("1"));
10     getContentPane().add(new JButton("2"));
11     getContentPane().add(new JButton("3"));
12     getContentPane().add(new JButton("4"));
13     getContentPane().add(new JButton("5"));
14     getContentPane().add(new JButton("6"));
15     getContentPane().add(new JButton("7"));
16     getContentPane().add(new JButton("8"));
17     getContentPane().add(new JButton("9"));
18   }
19   public static void main(String[] args) {
20     FlowLayoutDemo jf=new FlowLayoutDemo();
21     jf.setTitle("流式布局实例");
22     jf.setSize(180,180);
23     jf.setVisible(true);
24   }
25 }
```

实例的执行效果如图 6-8 所示。

当拖动窗口边框改变其大小时,窗口中的组件位置也随之发生改变,效果如图 6-9 所示。

图 6-8　例 6-5 的执行效果

图 6-9　拖动窗口边框改变其大小后的效果

2. 边界布局

边界布局(BorderLayout)将界面分为上、下、左、右及中间 5 个区域,对应的位置常量分别为 BorderLayout.NORTH、BorderLayout.SOUTH、BorderLayout.EAST、BorderLayout.WEST、BorderLayout.CENTER。每添加一个组件就要指定组件摆放的方位，放置在上、下、左、右 4 个方向的组件将贴边放置。如果不指定摆放位置，则默认摆放在中间。JFrame 默认使用 BorderLayout 布局，如图 6-10 所示。

图 6-10　BorderLayout 布局

当容器使用 BorderLayout 布局管理器时，放在容器中间位的组件会随着容器 size 属性值的变化而变化。当容器 size 属性值增大时，处在 center 区的组件就不断挤压上、下、左、右 4 个方向的组件。

BorderLayout 布局只能容纳 5 个组件，若不指定组件的位置，则组件将重叠放在中间位置。BorderLayout 类的构造方法和常用方法如表 6-15 所示。

表 6-15　BorderLayout 类的构造方法和常用方法

构造方法和常用方法	功　　能
BorderLayout()	构造一个组件之间间距为 0 的边框布局
BorderLayout(int hgap,int vgap)	构造一个具有指定组件间距的边框布局
setHgap(int hgap)	设置组件之间的水平间距
setVgap(int vgap)	设置组件之间的垂直间距

【例 6-6】　实现图 6-10 所示的布局。

程序代码如下（BorderLayoutDemo.java）：

```
1   import javax.swing.*;
2   import java.awt.*;
3   public class BorderLayoutDemo extends JFrame {
4     public BorderLayoutDemo() {
5       this.setLayout(new BorderLayout(5, 5));
6       this.add(new JButton("North"),BorderLayout.NORTH);
7       this.add(new JButton("South"), BorderLayout.SOUTH);
8       this.add(new JButton("East"), BorderLayout.EAST);
9       this.add(new JButton("West"), BorderLayout.WEST);
10      this.add(new JButton("Center"), BorderLayout.CENTER);
```

```
11    }
12    public static void main(String args[]) {
13      BorderLayoutDemo frm=new BorderLayoutDemo();
14      frm.setTitle("BorderLayout边框布局");
15      frm.setSize(400,300);
16      frm.setVisible(true);
17    }
18  }
```

3. 网格布局

网格布局(GridLayout)是把容器划分成若干行与列的网格,网格的大小相等,行数和列数由程序控制,组件放在网格的小格子中,要求组件的大小应相同。GridLayout 类的构造方法如表 6-16 所示。

表 6-16　GridLayout 类的构造方法

构造方法	功能
GridLayout()	创建具有默认值的网格布局,每个组件占据一个单元格
GridLayout(int row,int col)	创建具有指定行数和列数的网格布局
GridLayout(int row, int col, int hgap,int vgap)	创建具有指定行数和列数的网格布局,并指定其水平间距和垂直间距

GridLayout 布局以行为基准,当放置的组件个数超额时,自动增加列;反之,组件太少也会自动减少列。组件按行的优先顺序排列。GridLayout 布局的每个网格都必须填入组件,如果希望某个网格为空白,可以用一个空白标签(add(new Label()))代替。

【例 6-7】　实现如图 6-11 所示的效果。

图 6-11　例 6-7 执行后的效果

程序代码如下(GridLayoutDemo.java):

```
1  import javax.swing.*;
2  import java.awt.*;
3  public class GridLayoutDemo extends JFrame {
4    JButton b1, b2;
5    JPanel pan;
6    public GridLayoutDemo() {
7      b1=new JButton("Button 6");
```

```
8       b2=new JButton("Button 7");
9       pan=new JPanel();
10      pan.add(b1);
11      pan.add(b2);
12      setLayout(new GridLayout(3,2));
13      this.add(new JButton("Button 1"));
14      this.add(new JButton("Button 2"));
15      this.add(new JButton("Button 3"));
16      this.add(new JButton("Button 4"));
17      this.add(new JButton("Button 5"));
18      this.add(pan);
19      }
20      public static void main(String args[]) {
21      GridLayoutDemo frm=new GridLayoutDemo();
22      frm.setTitle("网格布局");
23      frm.pack();
24      frm.setVisible(true);
25      }
26      }
```

本实例中的pack()方法是设置frame窗口的大小为能够容纳所有组件的最小尺寸。Button 6和Button 7组件加入面板后,再加入窗口中,通过这种方式能够实现复杂界面的布局。

拓展作业

设计一个计算器界面,如图6-12所示。

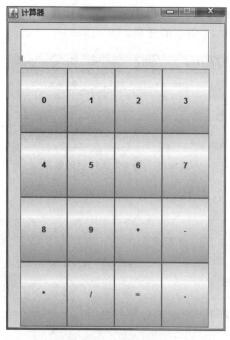

图6-12 计算器界面

4. 卡片布局

卡片布局(CardLayout)类是容器的布局管理器,它将容器中的每个组件看作一张卡片。一次只能看到一张卡片,这个组件将占据容器的全部空间。当容器第一次显示时,第一个添加到 CardLayout 对象中的组件为可见组件。卡片的顺序由组件本身在容器内部的顺序决定。CardLayout 类的构造方法和常用方法如表 6-17 所示。

表 6-17 CardLayout 类的构造方法和常用方法

构造方法和常用方法	功 能
CardLayout()	构造一个卡片布局,左、右边界和上、下边界均为 0 个像素
CardLayout(int hgap,int vgap)	构造一个卡片布局,左、右边界为 hgap,上、下边界为 vgap
void first(Container parent)	显示容器的第一张卡片
void next(Container parent)	显示容器的下一张卡片
void previous(Container parent)	显示容器的前一张卡片
void last(Container parent)	显示容器的最后一张卡片
void show(Container parent,String name)	显示指定的卡片

【例 6-8】 使用 CardLayout 布局策略实现在单击不同的命令按钮时显示不同的组件(本例不需实现事件监听处理),程序执行后的效果如图 6-13 所示。

图 6-13 CardLayout 布局的效果

程序代码如下(CardLayoutDemo.java):

```
1   import java.awt.CardLayout;
2   import java.awt.GridLayout;
3   import javax.swing.JButton;
4   import javax.swing.JFrame;
5   import javax.swing.JLabel;
6   import javax.swing.JPanel;
7   import javax.swing.JTextField;
8   public class CardLayoutDemo {
9       static JFrame frm=new JFrame("卡片式布局设置管理器 CardLayout");
```

```
10    static JPanel pan1=new JPanel();          //创建面板对象
11    static JPanel pan2=new JPanel();
12    public static void main(String[] args)
13    {
14      frm.setLayout(null);                     //取消窗口的页面设置
15      pan2.setLayout(new GridLayout(1,4));     //将面板对象 pan2 设置为
16                                               1 行 4 列的网格式布局
17      CardLayout crd=new CardLayout(5,10);     //创建卡片式布局对象 crd
18      pan1.setLayout(crd);                     //将面板 pan1 设置为卡片
19                                               式布局方式
20      frm.setSize(350,300);
21      frm.setResizable(false);
22      pan1.setBounds(10,10,320,200);
23      pan2.setBounds(10,220,320,25);
24      frm.add(pan1);                           //将面板添加到窗口中
25      frm.add(pan2);
26      JLabel lab1=new JLabel("我是第一页",JLabel.CENTER);
27      JLabel lab2=new JLabel("我是第二页",JLabel.CENTER);
28      JTextField tex=new JTextField("卡片式布局策略 CardLayout",18);
29      pan1.add(lab1,"c1");                     //将标签组件 lab1 命名为 c1 后加入
30                                               面板 pan1 中
31      pan1.add(lab2,"c2");
32      pan1.add(tex,"t1");                      //将文本框组件 tex 命名为 t1 后加入
33                                               面板 pan1 中
34      crd.show(pan1,"t1");                     //将 pan1 中的 tex 组件显示在面板
35                                               pan1 中
36      pan2.add(new JButton("第一页"));
37      pan2.add(new JButton("上一页"));
38      pan2.add(new JButton("下一页"));
39      pan2.add(new JButton("最后页"));
40      frm.setDefaultCloseOperation(JFrame.EXIT_ON_CLOSE);
41      frm.setVisible(true);
42    }
43  }
```

在此实例中,利用 add(组件,组件代号)方法将组件加入面板中。显示某个卡片上的组件时,调用 show 方法。crd.show(pan1,"t1")表示显示容器 pan1 的组件代号为 t1 的组件。若想显示"我是第一页",只需改为 crd.show(pan1,"c1")。整个窗口通过 setBounds()方法排列面板 pan1 和面板 pan2。此实例中未用到 first、next、previous 和 last 方法,这 4 个方法一般用于事件监听处理中。

5. null 布局和 setBounds 方法

空布局是将一个容器的布局设置为 null 布局,空布局采用 setBounds()方法设置组件本身的大小和在容器中的位置。

```
setBounds(int x,int y, int width,int height)
```

组件所在区域是一个矩形,参数 x、y 是组件的左上角在容器中的位置坐标;参数 width、height 是组件的宽和高。在例 6-8 中,窗口布局就是一个 null 布局,窗口中的两个面板 pan1 和 pan2 的位置是通过 setBounds 方法设置的。

6.3 任务实施

修改例 6-4,重新布局在线考试系统的登录界面。效果如图 6-1 所示。

程序代码如下(Login_GUI_Finally.java):

```java
1  import java.awt.BorderLayout;
2  import java.awt.Font;
3  import javax.swing.JButton;
4  import javax.swing.JFrame;
5  import javax.swing.JLabel;
6  import javax.swing.JPanel;
7  import javax.swing.JPasswordField;
8  import javax.swing.JTextField;
9  public class Login_GUI_Finally {
10     public static void main(String[] args) {
11        new Login_panel("用户登录");
12     }
13 }
14 class Login_panel extends JFrame {
15     private JLabel namelabel,pwdlabel,titlelabel;
16     private JTextField namefield;
17     private JPasswordField pwdfield;
18     private JButton loginbtn,registerbtn,cancelbtn;
19     private JPanel panel1,panel2,panel3,panel21,panel22;
20     public Login_panel(String title){
21        this.setTitle(title);
22        titlelabel=new JLabel("欢迎使用考试系统");
23        titlelabel.setFont(new Font("隶书",Font.BOLD,24));
24        namelabel=new JLabel("用户名:");
25        pwdlabel=new JLabel("密码:");
26        namefield=new JTextField(16);
27        pwdfield=new JPasswordField(16);
28        pwdfield.setEchoChar('*');
29        loginbtn=new JButton("登录");
30        registerbtn=new JButton("注册");
31        cancelbtn=new JButton("取消");
32        panel1=new JPanel();
33        panel2=new JPanel();
34        panel3=new JPanel();
35        panel21=new JPanel();
```

```
36          panel22=new JPanel();
37          //添加组件,采用边框布局
38          BorderLayout bl=new BorderLayout();
39          setLayout(bl);
40          panel1.add(titlelabel);
41          panel21.add(namelabel);
42          panel21.add(namefield);
43          panel22.add(pwdlabel);
44          panel22.add(pwdfield);
45          panel2.add(panel21,BorderLayout.NORTH);
46          panel2.add(panel22,BorderLayout.SOUTH);
47          panel3.add(loginbtn);
48          panel3.add(registerbtn);
49          panel3.add(cancelbtn);
50          add(panel1,BorderLayout.NORTH);
51          add(panel2,BorderLayout.CENTER);
52          add(panel3,BorderLayout.SOUTH);
53          this.setBounds(400,200,300, 200);
54          this.setVisible(true);
55      }
56  }
```

自 测 题

1. BorderLayout 和 GridLayout 里面的元素分别是如何布局的?
2. 写出下列程序完成的功能。

```
import java.Swing.*;
public class abc
{
    public static void main(String args[])
    {
        new FrameOut();
    }
}
class FrameOut extends JFrame
{
    JButton btn;
    FrameOut()
    {
        super("按钮");
        btn=new JButton("按下我");
        setLayout(new FlowLayout());
```

```
        add(btn);
        setSize(300,200);
        show();
    }
}
```

3. 定义公司的职员信息类

成员变量包括 ID(身份证)、name(姓名)、sex(性别)、birthday(生日)、home(籍贯)、address(居住地)和 number(职员号)。

设计一个录入或显示职工信息的程序界面(FlowLayout 布局),界面如图 6-14 所示。

图 6-14 FlowLayout 布局的效果

任务 7　处理用户登录事件

学习目标

（1）掌握事件处理机制的原理。
（2）掌握动作事件、键盘事件、鼠标事件、窗口事件的监听处理。

7.1　任务描述

当用户在 Swing 图形界面上进行一些操作时，例如单击命令按钮、移动鼠标、输入文字等，将会引发相关事件（Event）的发生。在 Java 语言中，事件是以具体的对象来表示的，用户的相关操作会由 JVM 建立相对应的事件，用以描述事件来源、发生了什么事以及相关的消息，通过捕捉对应的事件，进行对应的操作来完成程序的功能。

本部分所要完成的学习任务是处理登录界面的事件处理，根据用户需求实现用户登录，并处理响应事件，如图 7-1 和图 7-2 所示。

图 7-1　登录界面中的"登录"按钮对事件的响应　　　　图 7-2　"登录"按钮事件

7.2　相关知识

7.2.1　Java 事件处理机制

在 Java 事件处理程序中，事件源对象、事件处理者对象都是单独存在的。当事件源被触发了事件之后,本身并不做出反应,而是将处理这次事件的权限交给事件处理者,当然这二者之间要存在注册关系。

  Java 对事件的处理采用授权事件模型,也称为委托事件模型。在这个模型下,每个组件都有相应的事件,如按钮具有单击事件,文本域具有内容改变事件等。当某个组件的事件被触发后,组件就会将事件发送给组件注册的事件监听器(EventListener),事件监听器中定义了与不同事件相对应的事件处理者,此时事件监听器会根据不同的事件信息调用不同的事件处理者,完成对这次事件的处理,只有向组件注册的事件监听器才会收到事件信息。例如,单击了一个按钮,此时按钮就是一个事件源对象,按钮本身没有权利对这次单击做出反应,它做的就是将信息发送给本身注册的监听器(事件处理者)来处理。

  如果要理解 Java 的事件处理模型,需要掌握几个概念:事件、事件源和监听器(事件处理者)。事件是一个描述事件源状态改变的对象,如单击事件。事件是由事件源产生,事件源是 GUI 组件,是一个可以生成事件的对象,如按钮、文本框、单选按钮、复选框等。一个事件源可能会生成不同类型的事件,如文本框事件源可以产生内容改变事件和回车事件。事件源提供了一组方法,用于为事件注册一个或多个监听器。每种事件的类型都有其自己的注册方法。一般形式如下:

```
public void add<EventType>Listener(TypeListener e)
```

  事件发生后,组件本身并不处理,需要交给监听器(另外一个类)来处理。实际上监听器也可以称为事件处理者。监听器对象属于一个类的实例,这个类实现了一个特殊的接口,名为"监听器接口"。监听器这个对象会自动调用一个方法来处理事件。这些方法都集中定义在事件监听器接口中。实现了事件监听器接口中的一些或全部方法的类就是事件监听器。表 7-1 列举了主要的事件源和事件及相应的接口及其方法。

表 7-1 常用事件、监听器接口及其方法

事件名	组件名	描述	监听器接口名	方法
ActionEvent	Button TextField List MenuItem	激活组件,如单击按钮	ActionListener	actionPerformed(ActionEvent)
KeyEvent	Component	键盘输入	KeyListener	keyPressed(KeyEvent e) keyReleased(KeyEvent e)
FocusEvent	Component	组件收到或失去焦点	FocusListener	focusGained(FocusEvent e) focusLost(FocusEvent e)
MouseEvent	Component	鼠标事件	MouseListener	mousePressed(MouseEvent e) mouseReleased(MouseEvent e) mouseEntered(MouseEvent e) mouseExited(MouseEvent e) mouseClicked(MouseEvent e)
			MouseMotionListener	mouseDragged(MouseEvent) mouseMoved(MouseEvent)

续表

事件名	组件名	描述	监听器接口名	方法
WindowEvent	window	窗口级事件	WindowListener	windowClosing(WindowEvent e) windowOpened(WindowEvent e) windowIconified(WindowEvent e) windowDeiconified(WindowEvent e) windowClosed(WindowEvent e) windowActivated(WindowEvent e) windowDeactivated(WindowEvent e)

7.2.2 动作事件

动作事件(ActionEvent)的监听器接口 ActionListener 中只包含一个方法,语法格式如下:

```
public void actionPerform(ActionEvent e)
```

重写该方法对 ActionEvent 事件进行处理,当 ActionEvent 事件发生时该方法被自动调用,形式参数 e 引用传递过来的动作事件对象。

Java 图形用户界面中处理事件时必需的步骤如下:

(1) 确定接受响应的组件并创建它。
(2) 实现相关事件的监听接口。
(3) 注册事件源的动作监听器。
(4) 事件触发时要进行的相关处理。

【例 7-1】 下面创建一个按钮单击事件实例来演示动作事件。

程序代码如下(ButtonListenerDemo.java):

```java
1   import java.awt.*;
2   import java.awt.event.*;
3   import javax.swing.*;
4   public class ButtonListenerDemo extends JFrame {
5       private JButton ok, cancel,exit;
6       public ButtonListenerDemo(String title){
7           super(title);
8           this.setLayout(new FlowLayout());
9           ok=new JButton("确定");
10          cancel=new JButton("返回");
11          exit=new JButton("退出");
12          ok.addActionListener(new MyListener());
13          cancel.addActionListener(new MyListener());
14          exit.addActionListener(new MyListener());
15          this.add(ok);
```

```
16        this.add(cancel);
17        this.add(exit);
18        this.setSize(250,100);
19        this.setVisible(true);
20     }
21     public static void main(String args[]) {
22        new ButtonListenerDemo("按钮单击事件");
23     }
24 }
25
26 class MyListener implements ActionListener{
27    public void actionPerformed(ActionEvent e){
28       if(e.getActionCommand()=="确定")
29          System.out.println("确定");
30       if(e.getActionCommand()=="返回")
31          System.out.println("返回");
32       if(e.getActionCommand()=="退出")
33          System.exit(0);;
34    }
35 }
```

上述代码运行后的结果如图 7-3 所示。

在上述对话框中单击"确定"按钮,就会触发按钮的单击事件,事件的执行结果是在控制台输出"确定";单击"返回"按钮,同样触发按钮的单击事件,事件的执行结果是在控制台输出"返回";单击"退出"按钮时,退出窗口的显示。在这个实例中,按钮是一个事件源,MyListener 类是一个监听器,即事件处理者,MyListener 类需要继承按钮事件 ActionEvent 的 ActionListener 监听器接口。当该类获得按钮发送的事件信息后,就执行该类中相应的方法。

图 7-3 例 7-1 的运行结果

按钮是一个独立的对象,是一个事件源;监听器是一个独立的对象,是事件处理者,二者如果要完成按钮发送信息、监听器接收信息后执行的操作,则二者之间必须有一个注册关系,即授权关系。就是当按钮被触发后,可以授权监听器完全处理,处理完毕后只要将结果返回即可。也就是说,有了事件监听器和事件类型后,还需要将该监听器对象注册给相应的组件对象。本例中的代码 ok.addActionListener(new MyListener());实现了对按钮的事件注册,其中的 new MyListener()是监听器的实例化对象。对于 ActionEvent 还有两个常用方法,如表 7-2 所示。

表 7-2 ActionEvent 类的常用方法

常用方法	功　能
public String getActionCommand()	获取触发动作事件的事件源的命令字符
public Object getSource()	获取对发生 ActionEvent 事件的事件源对象的引用

思考：如果把例 7-1 中的 e.getActionCommand()方法换成 getSource()方法，应如何修改判断语句？

7.2.3 键盘事件

当按下、释放键盘上某一个键时就发生了键盘事件(KeyEvent)。在 Java 的事件模式中，必须要有产生事件的事件源。大部分的 Swing 组件都可以触发键盘事件，即充当键盘事件的事件源。

当组件触发一个键盘事件时，KeyEvent 类就会创建一个键盘事件对象。KeyEvent 类的常用方法如表 7-3 所示。

表 7-3 KeyEvent 类的常用方法

常用方法	功　　能
getKeyChar()	返回与此事件中的键相关联的字符
getKeyCode()	返回与此事件中的键相关联的整数 keyCode
getKeyLocation()	返回产生此键盘事件的键的位置
getKeyModifiersText(int modifiers)	返回描述组合键的字符串，如 Shift 键或 Ctrl+Shift 组合键
getKeyText(int KeyCode)	返回描述 keyCode 的字符串，如"HOME"、"F1"或"A"
isActionKey()	返回此事件中的键是否为"动作"键
setKeyChar(char keyChar)	设置 keyChar 值，以表明某个逻辑字符
setKeyCode(int keyCode)	设置 keyCode 值，以表明某个物理键

事件源可以使用 addKeyListener()方法获得监听器。监听器是一个对象，创建该对象的类必须继承自 KeyListener 接口，该接口中有如下 3 个方法。

- keyPressed(KeyEvent e)
- keyReleased(KeyEvent e)
- keyTyped(KeyEvent e)

当按下键盘上的某个键时，监听器就会监听到，则 keyPressed()方法会自动执行，并且 KeyEvent 类自动创建一个对象传递给 keyPressed()方法中的参数 e。keyTyped 方法是 keyPressed()方法和 keyReleased()方法的组合，当键被按下又释放时，keyType 方法被调用。

【例 7-2】 下面通过一个实例来演示键盘事件。

程序代码如下(KeyEventDemo.java)：

```
1   import javax.swing.*;
2   import java.awt.*;
3   import java.awt.event.*;
4   class KeyEventDemo extends JFrame{
5       Container content;
6       JTextArea jta;
7       public KeyEventDemo(){
```

```
8        content=getContentPane();
9        jta=new JTextArea(15,10);
10       content.setLayout(new FlowLayout());
11       jta.addKeyListener(new MyListener());
12        content.add(jta);
13        setTitle("键盘事件测试");
14        setSize(200,200);
15        setVisible(true);
16     }
17   class MyListener implements KeyListener{
18       public void keyPressed(KeyEvent e){
19           int keyCode=e.getKeyCode();
20           if( keyCode==e.VK_RIGHT && e.isShiftDown()){
21               jta.setBackground(Color.red);
22           }
23           jta.setText(e.getKeyChar()+"键的码值为"+
24           e.getKeyCode());
25       }
26       public void keyReleased(KeyEvent e){}
27       public void keyTyped(KeyEvent e){}
28   }
29   public static void main(String args[]){
30       new KeyEventDemo();
31   }
32 }
```

上述代码的运行结果如图 7-4 所示。

在该程序中，按下键盘上的一个键时，会将该键的字符和键码显示在文本区中；如果同时按下向右箭头键和 Shift 键，就会改变文本区的背景色；如果同时按下 e 键和 Shift 键，就会退出当前程序。在 keyPressed()方法中，通过 getKeyCode()方法获取键的键码值，代码 if(keyCode == e. VK_RIGHT && e. isShiftDown())表示如果按下向右箭头键和 Shift 键时会改变文本区的背景色。监听器创建完成后，就可以将事件源和监听器进行注册，其代码为 jta. addKeyListener(new MyListener());。

图 7-4 例 7-2 的运行结果

7.2.4 鼠标事件

在 Swing 体系中，大部分组件都可以产生鼠标事件(MouseEvent)，如鼠标光标进入组件、退出组件或在组件上方单击等都会发生鼠标事件。鼠标事件可以分为两种：一种是实现 MouseListener 接口的鼠标事件，即鼠标相对应组件的进入、退出和按下等；另一种是实现 MouseMotionListener 接口的高级鼠标事件，即鼠标的移动和拖动。当发生鼠标事件时，MouseEvent 类会自动创建一个事件对象。MouseEvent 类有下面几个常用的方法，如表 7-4 所示。

表 7-4 MouseEvent 类的常用方法

常用方法	功能
getX()	获取鼠标在事件源坐标系中的 X 坐标
getY()	获取鼠标在事件源坐标系中的 Y 坐标
getModifiers()	返回一个描述事件期间所按下的键盘键或鼠标按键(如 Shift 键或 Ctrl+Shift 组合键)
getClickCount()	返回与此事件关联的鼠标单击次数
getSource()	获取发生鼠标事件的事件源
isPopupTrigger()	返回此鼠标事件是否为该平台的弹出菜单触发事件

1. MouseListener 接口

如果要在一个 Swing 图形用户界面中实现一个鼠标事件,需要有事件源和事件处理者。事件源可以是一个 JFrame 窗口、按钮和文本框等,而事件处理者必须继承自一个鼠标监听器接口,在这里应当继承自 MouseListener 接口。从表 7-1 中可以看到该接口有 5 个方法,其详细信息如下。

- mousePressed(MouseEvent e):鼠标按键在组件上单击时触发鼠标事件。
- mouseReleased(MouseEvent e):鼠标按键在组件上释放时触发鼠标事件。
- mouseEntered(MouseEvent e):鼠标光标进入组件上时触发鼠标事件。
- mouseExited(MouseEvent e):鼠标光标离开组件时触发鼠标事件。
- mouseClicked(MouseEvent e):鼠标按键在组件上按下时触发鼠标事件。

MouseListener 接口中定义了监听器需要继承的方法,实际上这些方法也是不同情况下触发鼠标事件的原因。

【例 7-3】 鼠标事件案例。

程序代码如下(MouseListenerDemo.java):

```
1   import javax.swing.*;
2   import java.awt.*;
3   import java.awt.event.*;
4   class MouseListenerDemo extends JFrame{
5       Container content;
6       JTextField jtf;
7       public MouseListenerDemo(){
8           content=getContentPane();
9           jtf=new JTextField(15);
10          content.setLayout(new FlowLayout());
11          content.addMouseListener(new MyMouseListener());
12          content.add(jtf);
13          setTitle("鼠标事件测试");
14          setSize(200,200);
15          setVisible(true);
16      }
17  class MyMouseListener implements MouseListener{
```

```
18      public void mousePressed(MouseEvent e){
19          jtf.setText("鼠标在界面中被按下");
20      }
21      public void mouseReleased(MouseEvent e){
22          jtf.setText("鼠标在界面中被释放");
23      }
24      public void mouseEntered(MouseEvent e){
25          jtf.setText("鼠标光标进入界面中");
26      }
27      public void mouseExited(MouseEvent e) {
28          jtf.setText("鼠标光标退出当前的界面");
29      }
30      public void mouseClicked(MouseEvent e){
31          jtf.setText("鼠标进行了单击,其X坐标为"+e.getX()+"Y坐
32              标为"+e.getY());
33      }
34  }
35  public static void main(String args[]){
36      new MouseListenerDemo();
37  }
38 }
```

在该程序中,文本框负责记录鼠标事件,当鼠标光标进入内容窗格中时,文本框显示"鼠标光标进入界面中";当鼠标光标退出内容窗格、按下鼠标、释放鼠标、单击时都会有相应信息在文本框中出现。本例的事件源是 content 对象,即内容窗体组件,事件源的监听方法是 addMouseListener()。例 7-3 的运行结果如图 7-5 所示。

图 7-5 例 7-3 的运行结果

2. 适配器实现鼠标事件

在实现监听器接口时需要实现接口的 5 个方法,但有时可能只需要一个方法即可满足功能需求,如要实现鼠标事件的单击事件,这时鼠标事件的处理者就需要实现接口中所有的方法,但只有一个得到实际实用,显然其他方法中的代码是无用的。对于这种现象,在 Java 中可以使用适配器来代替监听器接口。

Java 语言为一些 Listener 接口提供了适配器(Adapter 类)。可以通过继承事件所对应的 Adapter 类,重写所需要的方法,而无关方法不用实现。适配器是 Java 类,使用适配器可以简化事件处理的代码。一般情况下,如果监听器接口存在两个或两个以上的方法,就会有相应的适配器类。形如×××Adapter 的类默认为适配器类,如 MouseListener 接口的适配器类为 MouseAdapter。

【例 7-4】 通过继承鼠标适配器类,实现鼠标进入窗体时更改文本框的背景色。当双击鼠标时,在文本框中显示"鼠标双击!"。程序的运行结果如图 7-6 所示。

程序代码如下(MouseAdapterDemo.java):

图 7-6　例 7-4 的运行结果

```
1   import javax.swing.*;
2   import java.awt.*;
3   import java.awt.event.*;
4   class MouseAdapterDemo extends JFrame{
5     Container content;
6     JTextField jtf;
7     public MouseAdapterDemo(){
8         content=getContentPane();
9         jtf=new JTextField("这是一个文本区",15);
10        content.setLayout(new FlowLayout());
11        content.addMouseListener(new MyMouseAdapter());
12        content.add(jtf);
13        setTitle("鼠标适配器测试");
14        setSize(200,200);
15        setVisible(true);
16    }
17    class MyMouseAdapter extends MouseAdapter{
18        public void mouseEntered(MouseEvent e){
19            jtf.setBackground(Color.red);
20        }
21        public void mouseClicked(MouseEvent e){
22            int x=e.getX();
23            int y=e.getY();
24            int clickCount=e.getClickCount();
25            if(clickCount==2){
26               jtf.setText("鼠标双击!");
27            }
28        }
29    }
30    public static void main(String args[]){
31        new MouseAdapterDemo();
32    }
33 }
```

在这个实例中,根据需求只实现了 mouseEntered()和 mouseClicked()方法。

3. MouseMotionListener 接口

MouseListener 接口中的 5 个方法分别是在组件中单击、按下、释放、进入和退出时触发事件。有时需要实现鼠标拖动和在事件源上移动触发的事件，这时就需要实现 MouseMotionListener 接口，事件源获得监听器的方法是 addMouseMotionListener()。MouseMotionListener 接口中有如下方法。

- mouseDragged(MouseEvent e)：鼠标按键在组件上按下并拖动时调用该方法。
- mouseMoved(MouseEvent e)：鼠标光标移动到组件上但没有按键按下时调用该方法。

【例 7-5】 利用鼠标在窗体中绘制任意形状。本例的运行结果如图 7-7 所示。

程序代码如下（MouseMotionListenerDemo.java）：

```
1   import javax.swing.*;
2   import java.awt.*;
3   import java.awt.event.*;
4   class MouseMotionListenerDemo extends JFrame{
5       Container content;
6       int x=-1,y=-1;
7       public MouseMotionListenerDemo(){
8           content=getContentPane();
9           content.setLayout(new FlowLayout());
10          content.setBackground(Color.green);
11          content.addMouseMotionListener(new
12          MyMouseMotionListener());
13          setTitle("鼠标高级事件测试");
14          setSize(200,200);
15          setVisible(true);
16      }
17  class MyMouseMotionListener implements MouseMotionListener{
18      public void mouseDragged(MouseEvent e){
19          x=(int)e.getX();
20          y=(int)e.getY();
21          if(x!=-1 && y!=-1){
22          Graphics g=getGraphics();
23              g.drawLine(x,y,x,y);
24          }
25      }
26      public void mouseMoved(MouseEvent e){
27          x=(int)e.getX();
28          y=(int)e.getY();
29          Graphics g=getGraphics();
30              g.drawString("~", x, y);
31      }
32  }
```

```
33    public static void main(String args[]){
34        new MouseMotionListenerDemo();
35    }
36 }
```

在该实例中内部类 MyMouseMotionListener 继承了 MouseMotionListener 接口,并实现了接口中的 mouseDragged()和 mouseMoved()方法。在 mouseDragged 方法中使用 getX()和 getY()方法获取鼠标所在位置,并判断 getX()和 getY()的值不为－1 时,使用 getGraphics()方法获取画笔对象 g,并使用 g 绘制线条。当移动鼠标时绘制的图形是通过 mouseMoved 方法实现的,同样使用 getGraphics()方法获取画笔对象 g,并使用字符"~"绘制图形,效果如图 7-7 所示。

图 7-7　例 7-5 的效果

7.2.5　窗口事件

JFrame 和 JDialog 容器都是 Window 窗口的子类,凡是 Window 子类创建的对象均可以引发 WindowEvent 类型事件,即窗口事件(WindowEvent)。当一个 JFrame 窗口被激活、撤销激活、打开、关闭、图标化或者撤销图标化时,就会引发窗口事件。即 WindowEvent 创建一个窗口事件对象。WindowEvent 创建的事件对象可以通过 getWindow()方法获取引发相应事件的窗口。

JFrame 或 JDialog 窗口可以使用 addWindowListener()方法注册监听器,创建监听器对象的类必须实现 WindowListener 接口,该接口中的 7 个不同的方法的具体含义如下所示。

- windowClosing(WindowEvent e):用户试图从窗口的系统菜单中关闭窗口时调用。
- windowOpened(WindowEvent e):窗口首次变为可见时调用。
- windowIconified(WindowEvent e):窗口从正常状态变为最小化状态时调用。
- windowDeiconified(WindowEvent e):窗口从最小化状态变为正常状态时调用。
- windowClosed(WindowEvent e):窗口调用 dispose()方法而将其关闭时调用。
- windowActivated(WindowEvent e):窗口从非活动状态到活动状态时调用。
- windowDeactivated(WindowEvent e):窗口不再是活动状态时调用。

【例 7-6】　窗口事件演示案例效果如图 7-8 所示。

图 7-8　例 7-6 的效果

程序代码如下（WindowEventDemo.java）：

```
1   import javax.swing.*;
2   import java.awt.*;
3   import java.awt.event.*;
4   class WindowEventDemo extends JFrame{
5     Container content;
6     JTextArea jtf;
7     public WindowEventDemo(){
8       content=getContentPane();
9       jtf=new JTextArea(10,20);
10      content.setLayout(new FlowLayout());
11      addWindowListener(new MyWindowListener());
12      content.add(jtf);
13      setTitle("窗口事件测试");
14      setSize(300,200);
15      setVisible(true);
16    }
17    class MyWindowListener implements WindowListener{
18        public void windowClosing(WindowEvent e){
19            jtf.append("\n窗口正在关闭");
20        }
21        public void windowOpened(WindowEvent e){
22            jtf.append("\n窗口被打开");
23        }
24        public void windowIconified(WindowEvent e){
25            jtf.append("\n窗口最小化");
26        }
27        public void windowDeiconified(WindowEvent e){
28            jtf.append("\n撤销图标化");
29        }
30        public void windowClosed(WindowEvent e){
31            jtf.append("\n程序结束运行,关闭窗口");
32        }
33        public void windowActivated(WindowEvent e){
34            jtf.append("\n窗口被激活");
35        }
36        public void windowDeactivated(WindowEvent e){
37            jtf.append("\n窗口不在激活状态");
38        }
39    }
40    public static void main(String args[]){
41        new WindowEventDemo();
42    }
43  }
```

在该程序中，启动程序后 windowActivated()方法被激活，在文本区域中输出"窗口被激活"。紧接着是 windowOpended()方法被激活，输出"窗口打开"。当最小化窗口时，

windowIconified()方法被激活。窗口不处于活动状态时,windowDeactivated()方法被执行。重新激活最小化的窗口,应调用 windowDeiconified() 方法,之后会调用 windowActivated()方法。

在该例中,监听器是内部类 MyWindowListener,该类继承自 WindowListener 接口,并实现接口中的方法。事件源是 WindowEventDemo,通过 addWindowListener(new MyWindowListener())语句为窗体注册监听。

7.3 任务实施

事件处理要求:当用户名和密码正确的情况下,提示欢迎进入考试系统;用户名和密码为空时,出现提示框;当单击"注册"按钮时进入注册界面。

程序代码如下(Login.java):

```
1    import java.awt.BorderLayout;
2    import java.awt.Font;
3    import java.awt.event.ActionEvent;
4    import java.awt.event.ActionListener;
5    import javax.swing.JButton;
6    import javax.swing.JFrame;
7    import javax.swing.JLabel;
8    import javax.swing.JOptionPane;
9    import javax.swing.JPanel;
10   import javax.swing.JPasswordField;
11   import javax.swing.JTextField;
12   public class Login {
13     public static void main(String[] args) {
14       new Login_panel1("用户登录");
15     }
16   }
17   class Login_panel1 extends JFrame implements ActionListener{
18     private JLabel namelabel,pwdlabel,titlelabel;
19     private JTextField namefield;
20     private JPasswordField pwdfield;
21     private JButton loginbtn,registerbtn,cancelbtn;
22     private JPanel panel1,panel2,panel3,panel21,panel22;
23     public Login_panel1(String title){
24       this.setTitle(title);
25       titlelabel=new JLabel("欢迎使用考试系统");
26       titlelabel.setFont(new Font("隶书",Font.BOLD,24));
27       namelabel=new JLabel("用户名: ");
28       pwdlabel=new JLabel("密码: ");
29       namefield=new JTextField(16);
30       pwdfield=new JPasswordField(16);
31       pwdfield.setEchoChar('*');
```

```java
32      loginbtn=new JButton("登录");
33      registerbtn=new JButton("注册");
34      cancelbtn=new JButton("取消");
35      //监听
36      loginbtn.addActionListener(this);
37      registerbtn.addActionListener(this);
38      cancelbtn.addActionListener(this);
39      panel1=new JPanel();
40      panel2=new JPanel();
41      panel3=new JPanel();
42      panel21=new JPanel();
43      panel22=new JPanel();
44      //添加组件,采用边框布局
45      BorderLayout bl=new BorderLayout();
46      setLayout(bl);
47      panel1.add(titlelabel);
48      panel21.add(namelabel);
49      panel21.add(namefield);
50      panel22.add(pwdlabel);
51      panel22.add(pwdfield);
52      panel2.add(panel21,BorderLayout.NORTH);
53      panel2.add(panel22,BorderLayout.SOUTH);
54      panel3.add(loginbtn);
55      panel3.add(registerbtn);
56      panel3.add(cancelbtn);
57      add(panel1,BorderLayout.NORTH);
58      add(panel2,BorderLayout.CENTER);
59      add(panel3,BorderLayout.SOUTH);
60      this.setBounds(400,200,300, 200);
61      this.setVisible(true);
62    }
63  @Override
64  public void actionPerformed(ActionEvent e) {
65    //TODO Auto-generated method stub
66    if(e.getSource()==loginbtn){
67       if(namefield.getText().trim().equals("")){
68          JOptionPane.showMessageDialog(null,"\t请输入用户
69          名!","用户名空提示",JOptionPane.OK_OPTION);
70       }
71    else{
72       if(new String(pwdfield.getPassword()).equals("")){
73          JOptionPane.showMessageDialog(null,"\t请
74          输入密码!","密码空提示",JOptionPane.OK_OPTION);
75       }
76    else{
77     if(namefield.getText().trim().equals("admin")
```

```
78              &&(new String(pwdfield.getPassword()).equals("123456"))){
79              JOptionPane.showMessageDialog(null,"\t 欢迎
80          进入课程考试系统!","登录成功",JOptionPane.INFORMATION_MESSAGE);
81              this.dispose();
82          }
83        }
84      }
85    }
86    if(e.getSource()==registerbtn){
87      new Register_GUI();   //进入注册界面
88      this.dispose();
89    }
90    if(e.getSource()==cancelbtn){
91      System.exit(0);
92    }
93  }
94 }
```

自 测 题

1. 事件监听器接口和事件适配器类的区别是什么？
2. 什么是 Java 事件的委托机制？
3. GUI 组件如何来处理它自己的事件？
4. 实现进制转换。输入十进制数，然后分别转换成二进制、八进制、十六进制。效果如图 7-9 所示。

图 7-9　进制转换界面

任务 8 用户注册功能的实现

> **学习目标**
>
> （1）掌握 JComboBox、JCheckBox、JRadioButton 组件的使用方法及 ItemEvent 事件处理的方法。
>
> （2）熟悉盒式布局的使用方法。

8.1 任务描述

本部分的学习任务是设计用户注册界面并完成注册功能。当用户单击用户登录界面的"注册"按钮时，就进入了"用户注册"界面，如图 8-1 所示。当用户按照"用户注册"界面的提示填写好正确信息后，单击"注册"按钮，系统将把当前用户信息保存到数据库中，给出注册成功的信息。如果信息输入不正确，应给出错误提示的信息，并能返回用户注册界面。

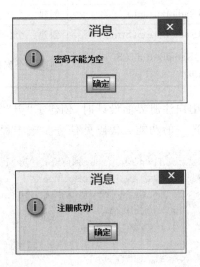

图 8-1 "用户注册"界面

8.2 相 关 知 识

完成此任务所用的知识主要包括单选按钮组件、组合框组件及事件处理、盒式布局等。

8.2.1 单选按钮和复选框

单选按钮和复选框都是选择组件,这类选择组件有两种状态:一是选中(on);二是未选中(off),它们提供一种简单的 on/off 功能,让用户在一组选项中做选择。

1. 单选按钮

单选按钮(JRadioButton 类)是一个圆形的按钮,当在一个容器中放置了多个单选按钮,如果没有 ButtonGroup 对象将它们分组,则可以选择多个单选按钮;如果使用 ButtonGroup 对象将它们分组了,同一时刻组内的多个单选按钮只允许一个被选中。

单选按钮分组的方法是:首先创建 ButtonGroup 对象,然后使用 add 方法将同组的单选按钮加入同一个 ButtonGroup 对象中。

JRadioButton 类的常用构造方法如表 8-1 所示。

表 8-1 JRadioButton 类的常用构造方法

常用构造方法	功 能
public JRadioButton()	创建一个未选的空单选按钮
public JRadioButton(String s)	创建一个标题为 s 的未选的单选按钮
public JRadioButton(String s, boolean b)	创建一个标题为 s 的单选按钮,参数 b 设置选中与否的初始状态

在用户注册界面设计时,创建了"男""女"两个单选按钮,并放到了一个按钮组里,实现了二选一的功能。代码见任务实施中程序的第 37~41 行、第 55~57 行代码。

```
37   rbtn1=new JRadioButton("男");
38   rbtn2=new JRadioButton("女");
39   ButtonGroup bg=new ButtonGroup();
40   bg.add(rbtn1);
41   bg.add(rbtn2);
55   panel=new JPanel();
56   panel.add(rbtn1);
57   panel.add(rbtn2);
```

2. 复选框

复选框(JCheckBox 类)的形状是一个小方框,它具有两种状态:一是选中(true,被选中的复选框中有勾);二是未被选中(false)。另外复选框组件带有一个文本标签,文本标签简要说明复选框的含义。

JCheckBox类的常用构造方法和常用方法见表8-2。

表8-2　JCheckBox类的常用构造方法和常用方法

常用构造方法和常用方法	功　能
public JCheckBox()	创建一个未选的空复选框
public JCheckBox(String s)	创建一个标题为s的未选的空复选框
public JCheckBox(String s,boolean b)	创建一个标题为s的空复选框,参数b设置选中与否的初始状态
public JCheckBox(String s,ICON icon)	创建一个带有指定文本和图标的未选复选框
public boolean isSelected()	获取复选框是否被选中的状态
public String getText()	获取复选框的标题
public void setText()	设置复选框的标题

【例8-1】　创建含有3个复选框(标题分别是足球、篮球和排球)的窗口。程序运行结果如图8-2所示。

图8-2　有复选框的窗口

程序代码如下(checkDemo.java):

```
1    import javax.swing.*;
2    public class CheckboxDemo extends JFrame{
3      public static void main(String[] args) {
4        JFrame frame=new JFrame("CheckDemo");
5        JPanel pan1=new JPanel();
6        JLabel lab1=new JLabel("你喜爱的运动:");
7        JCheckBox check1=new JCheckBox("足球");
8        JCheckBox check2=new JCheckBox("篮球");
9        JCheckBox check3=new JCheckBox("排球");
10       pan1.add(lab1);
11       pan1.add(check1);
12       pan1.add(check2);
13       pan1.add(check3);
```

```
14      frame.add(pan1);
15      frame.setSize(300,200);
16      frame.setVisible(true);
17    }
18  }
```

3. 选项事件

选项事件(ItemEvent 类)是用户对单选按钮或者复选框等进行选择后引发的事件。处理选项事件的步骤如下：

（1）实现监视器接口 ItemListener。

（2）选择对象并注册监视器。

（3）编写处理 ItemListener 接口的抽象方法：public void itemStateChanged(ItemEvent e)。当选项的选择状态发生改变时调用此方法。在该方法内用 getItemSelectable()方法获取事件源，并进行相应处理。

【例 8-2】 处理选项事件的小应用程序。一个由 2 个单选按钮组成的性别选择组，当选中某个性别时，文本区将显示该性别的信息；另一个是由 3 个复选框组成的籍贯选择组，当选择了籍贯后，在文本框中显示籍贯。

程序运行结果如图 8-3 所示。

图 8-3 选项事件运行后的结果

程序代码如下(ItemEventDemo.java)：

```
1   import java.awt.*;
2   import java.awt.event.*;
3   import javax.swing.*;
4   publicclass ItemEventDemo extends JFrame implements ItemListener{
5       private JRadioButton opt1,opt2;
6       private JCheckBox chek1,chek2,chek3;
7       private ButtonGroup btg1,btg2;
8       private JTextArea ta;
9       private JLabel sex,city;
10      public ItemEventDemo(String title){
11          super(title);
12          this.setLayout(new FlowLayout(FlowLayout.LEFT));
13          sex=new JLabel("性别：");
14          city=new JLabel("籍贯：");
15          opt1=newJRadioButton(" 男 ");
16          opt2=new JRadioButton(" 女 ");
17          btg1=new ButtonGroup();
```

```
18      btg1.add(opt1);
19      btg1.add(opt2);
20      chek1=new JCheckBox("北京");
21      chek2=new JCheckBox("上海");
22      chek3=new JCheckBox("深圳");
23      opt1.addItemListener(this)//注册监听器;
24      opt2.addItemListener(this);
25      chek1.addItemListener(this);
26      chek2.addItemListener(this);
27      chek3.addItemListener(this);
28      btg2=new ButtonGroup();
29      btg2.add(chek1);
30      btg2.add(chek2);
31      btg2.add(chek3);
32      ta=new JTextArea(8,35);
33      this.add(sex);
34      this.add(opt1);
35      this.add(opt2);
36      this.add(city);
37      this.add(chek1);
38      this.add(chek2);
39      this.add(chek3);
40      this.add(ta);
41      this.setTitle(title);
42      this.setSize(300,250);
43      this.setVisible(true);
44    }
45
46    //ItemEvent事件发生时的处理操作
47    publicvoid itemStateChanged(ItemEvent e){
48      if(e.getSource()==opt1)      //如果opt1被选择
49        ta.append("\n性 别: "+"男");
50      if(e.getSource()==opt2)      //如果opt2被选择
51        ta.append("\n性 别: "+"女");
52      if(e.getSource()==chek1)     //如果chek1被选择
53        ta.append("\n籍 贯:"+chek1.getText());
54      if(e.getSource()==chek2)     //如果chek2被选择
55        ta.append("\n籍 贯:"+chek2.getText());
55      if(e.getSource()==chek3)     //如果chek3被选择
56        ta.append("\n籍 贯:"+chek3.getText());
57    }
58  public static void main(String args[]){
59    new ItemEventDemo("Itemevent Demo");
60  }
61 }
```

【程序分析】

(1) 第 4 行实现了监听器接口。

(2) 第 23、24 行为单选按钮注册选项事件的监听器。

(3) 第 25~27 行为复选框按钮注册选项事件的监听器。

(4) 程序运行时,选中一个新的选项时,会产生两次 ItemEvent 事件,一次是取消前一个选项,另一次是选择当前选项。

8.2.2 组合框和列表框

组合框和列表框是另一类供用户选择的界面组件,用于在一组选择项目中选择,组合框还可以输入新的选择。

1. 组合框

组合框(JComboBox 类)是文本框和列表框的组合,可以在文本框中输入选项,也可以单击下拉按钮从显示的列表中进行选择。默认情况下,JComboBox 类是不可编辑的,但可以调用 setEditable(true)方法将其设置为可被编辑状态。

JComboBox 类的常用构造方法和常用方法如表 8-3 所示。

表 8-3 JComboBox 类的常用构造方法和常用方法

常用构造方法和常用方法	功 能
public JComboBox()	创建一个空的组合框
public JComboBox(Object[ ]items)	创建包含指定数组中的元素的组合框
public void addItem(Object obj)	向组合框添加选项
public Object getSelectedItem()	返回当前所选项
public void setSelectedIndex(int index)	选择第 index 个元素(第一个元素的 index 值为 0)
public void setEditable(boolean b)	设置组合框组件是否可编辑
public void removeItem(Object ob)	删除指定选项
public void removeItemAt(int index)	删除索引处指定的选项
public void insertItemAt(Object ob,int index)	在指定的索引处插入选项
public int getItemCount()	获取组合框的条目总数

在 JComboBox 对象上发生的事件分为两类:一是用户选项事件,事件响应程序获取用户所选的项目;二是用户输入项目后按 Enter 键,事件响应程序读取用户的输入。第一类事件的接口是 ItemListener,事件的处理方法同单选按钮的事件处理;第二类事件是输入事件,接口是 ActionListener。

【例 8-3】 根据组合框中的选择将文本显示为不同的字体类型,字体类型主要包括 Bold(粗体)和 Italic (斜体),运行结果如图 8-4 所示。

程序代码如下(ComboBox.java):

图 8-4 显示不同的字体

```java
1   import java.awt.*;
2   import java.awt.event.*;
3   import javax.swing.*;
4   public class ComboBoxDemo extends JFrame implements ItemListener{
5     private JTextField field;
6     private JComboBox com1;
7     private String[] font={"Bold","Italic"};
8     private int valBoldItalic=Font.PLAIN;
9     public ComboBoxDemo(){
10      super("JCombobox Demo");
11      this.setLayout(new FlowLayout());
12      field=new JTextField("2008,北京欢迎您!",20);
13      field.setFont(new Font("隶书",Font.PLAIN,14));
14      this.add(field);
15      com1=new JComboBox(font);
16      this.add(com1);
17      com1.addItemListener(this);
18      this.setSize(280,100);
19      this.setVisible(true);
20    }
21    public void itemStateChanged(ItemEvent event){
22      if(event.getSource()==com1)
23      valBoldItalic=com1.getSelectedItem()=="Bold" ?Font.BOLD : Font.ITALIC;
24      field.setFont(new Font("隶书",valBoldItalic,14));
25    }
26    public static void main(String[] args) {
27      new ComboBoxDemo();
28    }
29  }
```

【程序分析】

（1）第8行中的Font.PLAIN是Font类的静态常量，表示普通字体样式。

（2）第15行用数组的方式给组合框添加各个项。

（3）第17行为组合框添加监视器

（4）第21～25行用于判断组合框哪一项被选中，并进行相应字形的样式处理。

2. 列表框

列表框（JList类）的作用与组合框的作用基本相同，也是提供一系列选项供用户选择，但是列表框允许用户同时选择多项。可以在创建列表框时，将选项加入列表框中。JList类的常用构造方法和常用方法如表8-4所示。

当列表框中内容显示过多时，可以在列表框中添加滚动条，列表框添加滚动条的方法是先创建列表框，然后再创建一个JScrollPane滚动面板对象，在创建滚动面板对象时可指定列表。

表 8-4 JList 类的常用构造方法和常用方法

常用构造方法和常用方法	功　能
public JList()	创建一个新的列表框
public JList(String list[])	创建一个包含指定数组中元素的列表框
public int getSelectedIndex()	获取选项的索引
public int[] getSelectedIndices()	返回所选择的全部数组
public void setVisibleRowCount(int n)	设置列表中可见的行数
public void setSelectionMode(int seleMode)	设置列表选择模型。选择模型有单选和多选两种。 单选：ListSelectionModel. SINGLE_SELECTION 多选：ListSelectionModel. MULTIPLE. INTERVAL_SELECTION
public void remove(int n)	从列表的选项菜单中删除指定索引的选项
public void removeAll()	删除列表中的全部选项

以下代码示意为 list2 列表框添加滚动条。

```
JScrollPane jsp=new JScrollPane(list2);
```

列表框的事件处理一般可分为两种：一是单击某个选项；二是双击某个选项。

（1）单击选项是选项事件，与选项事件相关的接口是 ListSelectionListener，注册监视器的方法是 addListSelectionListener，接口方法是 valueChanged(ListSelectionEvent e)。

（2）双击选项是动作事件，与该事件相关的接口是 ActionListener，注册监视器的方法是 addActionListener()，接口方法是 actionPerformed(ActionEvent e)。

【例 8-4】 实现 JList 列表框功能的例子。把列表框选中的选项显示出来。

程序运行的结果如图 8-5 所示。

程序代码如下（JListDemo.java）：

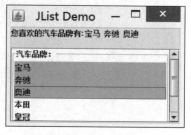

图 8-5　显示品牌

```
1    import java.awt.*;
2    import java.awt.event.*;
3    import javax.swing.*;
4    import javax.swing.event.*;
5    public class JListDemo extends JFrame implements ListSelectionListener{
6      private JList list ;
7      private JLabel label;
8      String[] s={"宝马","奔驰","奥迪","本田","皇冠","福特","现代"};
9      public JListDemo() {
10       //设置组件之间的水平和垂直间距
11       this.setLayout(new BorderLayout(0, 15));
12       label=new JLabel(" ");
13       list=new JList(s);
14       list.setVisibleRowCount(5);
```

```
15          list.setBorder(BorderFactory.createTitledBorder("汽车品牌："));
16          list.addListSelectionListener(this);
17          this.add(label, BorderLayout.NORTH);
18          this.add(new JScrollPane(list), BorderLayout.CENTER);
19          this.setTitle("JList Demo");
20          this.setSize(300, 200);
21          this.setVisible(true);
22      }
23      public void valueChanged(ListSelectionEvent e) {
24          int tmp=0;
25          String stmp="您喜欢的汽车品牌有：";
26          //利用 JList 类所提供的 getSelectedIndices()方法可得到用户所选取的所
             有项
27          int[] index=list.getSelectedIndices();
28          for(int i=0; i<index.length; i++) {
29              tmp=index[i];
30              stmp=stmp+s[tmp]+"  ";
31          }
32          label.setText(stmp);
33      }
34      public static void main(String[] args) {
35          new JListDemo();
36      }
37  }
```

【程序分析】

(1) 第 5 行实现了 ListSelectionListener 接口，以便对选项事件监听。

(2) 第 15 行的 BorderFactory 类提供了 Border 对象的工厂类。createTitledBorder (Border border)方法用于创建一个空标题的新标题边框。

(3) 第 18 行将 JList 加入一个 JScrollPane 中。当 JList 显示的内容较多时，可利用滚动条进行滚动显示。

(4) 第 27 行将选中的选项对应的下标索引保存到整型数组 index 中。

(5) 第 28~31 行根据取得的下标值，找到相应的选项内容。

8.2.3 盒式布局管理器

盒式布局管理器(BoxLayout 类)与前面几种布局的区别在于它是 javax.Swing 提供的布局管理器，功能强大，而且更易用。BoxLayout 将几个组件以水平或垂直的方式组合在一起，即形成行型盒式布局或列型盒式布局。行型盒式布局管理器中添加的组件上方的边会处在一条水平线上。如果组件的高度不相等，BoxLayout 会试图调整所有组件，使之与最高组件的高度一样。列型盒式布局管理器中添加的组件的左边处在同一条垂直线上。如果组件的宽度不相等，BoxLayout 会试图调整所有组件，使之与最宽组件的宽度一样。其中某个组件的大小随窗口的大小变化而变化。与流布局不同的是，当空间不够时，组件不会自动向下移动。

BoxLayout 布局的主要构造函数是 BoxLayout(Container target,int axis)，其中 axis 用来指定组件排列的方式(X_AXIS 为水平排列,Y_AXIS 为垂直排列)。

BoxLayout 通常和 Box 容器联合使用,Box 容器是使用 BoxLayout 的轻量级容器。它还提供了一些帮助使用 BoxLayout 的便利方法。Box 容器的常用方法如表 8-5 所示。

表 8-5 Box 容器的常用方法

常用方法	功　能
public static Box createHorizontalBox()	创建一个从左到右显示组件的水平 Box
public static Box createVerticalBox()	创建一个从上到下显示组件的垂直 Box
public createHorizontalGlue()	创建一个水平方向不可见的、可伸缩的组件
public createVerticalGlue()	创建一个垂直方向不可见的、可伸缩的组件
public createHorizontalStrut()	创建一个不可见的、固定宽度的水平组件
public createVerticalStrut()	创建一个不可见的、固定宽度的垂直组件
public createRigidArea(Dimension d)	创建一个总是具有指定大小的不可见组件

在表 8-5 中,有 3 种隐藏的组件可以做间隔。

(1) Strut(支柱)：用来在组件之间插入固定的空间。

(2) Glue(胶水)：用来控制一个框布局内额外的空间。

(3) Rigid area(硬区域)：用来生成一个固定大小的区域。

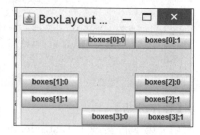

图 8-6　盒式布局效果

【例 8-5】 采用盒式布局的效果如图 8-6 所示。

程序代码如下(BoxLayoutDemo.java)：

```
1   import java.awt.*;
2   import javax.swing.*;
3   public class BoxLayoutDemo {
4       public static void main(String[] args) {
5           MyFrame f=new MyFrame();
6           f.setVisible(true);
7       }
8   }
9   class MyFrame extends JFrame {
10      public MyFrame() {
11          super("BoxLayout Demo");
12          final int NUM=2;
13          this.setBounds(500, 350, 300, 200);
14          Box boxes[]=new Box[4];
15          boxes[0]=Box.createHorizontalBox();
16          boxes[1]=Box.createVerticalBox();
17          boxes[3]=Box.createHorizontalBox();
18          boxes[2]=Box.createVerticalBox();
```

```
19      boxes[0].add(Box.createHorizontalGlue());
20      boxes[1].add(Box.createVerticalGlue());
21      boxes[2].add(Box.createVerticalStrut(40));
22      boxes[3].add(Box.createHorizontalStrut(100));
23      for(int i=0; i<NUM; i++)
24          boxes[0].add(new JButton("boxes[0]:"+i));
25      for(int i=0; i<NUM; i++)
26          boxes[1].add(new JButton("boxes[1]:"+i));
27      for(int i=0; i<NUM; i++)
28          boxes[2].add(new JButton("boxes[2]:"+i));
29      for(int i=0; i<NUM; i++)
30          boxes[3].add(new JButton("boxes[3]:"+i));
31      this.add(boxes[0], BorderLayout.NORTH);
32      this.add(boxes[1], BorderLayout.WEST);
33      this.add(boxes[2], BorderLayout.EAST);
34      this.add(boxes[3], BorderLayout.SOUTH);
35    }
36  }
```

【程序分析】

(1) 第14行定义了长度为4的盒型数组。

(2) 第23~30行利用循环语句向盒子添加所定义的匿名按钮对象。

(3) 第31~34行对4个盒子设置了BorderLayout布局管理。

8.3 任务实施

任务分析：

(1) 注册界面设计中采用的组件有标签、文本框、单选按钮组、组合框和按钮。

(2) 实现的事件是按钮的单击事件的处理。

程序代码如下(Register_GUI.java)：

```
1   import java.awt.*;
2   import java.awt.event.*;
3   import java.util.*;
4   import javax.swing.*;
5   import javax.swing.border.Border;
6   public class Register_GUI {
7     public Register_GUI() {
8       RegisterFrame rf=new RegisterFrame();
9         rf.setVisible(true);
10    }
11    public static void main(String args[]) {
12       new Register_GUI();
13    }
```

```java
14  }
15      //框架类
16  class RegisterFrame extends JFrame {
17      private Toolkit tool;
18      public RegisterFrame() {
19          setTitle("用户注册");
20          tool=Toolkit.getDefaultToolkit();
21          Dimension ds=tool.getScreenSize();
22          int w=ds.width;
23          int h=ds.height;
24          setBounds((w-300)/2, (h-300)/2, 300,370);
25          setResizable(false);
26          BorderLayout bl=new BorderLayout();
27          setLayout(bl);
28          RegisterPanel rp=new RegisterPanel(this);
29          add(rp, BorderLayout.CENTER);
30      }
31  }
32      //容器类
33  class RegisterPanel extends JPanel implements ActionListener {
34      private JLabel titlelabel, namelabel, pwdlabel1, pwdlabel2,
35      sexlabel, agelabel, classlabel;
36      private JTextField namefield, agefield;
37      private JPasswordField pwdfield1, pwdfield2;
38      private JButton commitbtn, resetbtn, cancelbtn;
39      private JRadioButton rbtn1, rbtn2;
40      private JComboBox combo;
41      private String[] s={"软件英语053 ","软件英语052","软件英语051",
42      "软件英语052"};
43      private Box box1, box2, box3, box4, box5, box6,box7;
44      private JPanel panel;
45      private Box box;
46      private JFrame iframe;
47      public RegisterPanel(JFrame frame) {
48          iframe=frame;
49          titlelabel=new JLabel("用户注册");
50          titlelabel.setFont(new Font("隶书", Font.BOLD, 24));
51          namelabel=new JLabel("用户名: ");
52          pwdlabel1=new JLabel("密码: ");
53          pwdlabel2=new JLabel("确认密码: ");
54          sexlabel=new JLabel("性别:");
55          agelabel=new JLabel("年 龄:");
56          classlabel=new JLabel("所属班级:");
57          namefield=new JTextField(16);
58          pwdfield1=new JPasswordField(16);
59          //设置密码框中显示的字符
60          pwdfield1.setEchoChar('*');
61          pwdfield2=new JPasswordField(16);
```

```java
62   pwdfield2.setEchoChar('*');
63   agefield=new JTextField(5);
64   rbtn1=new JRadioButton("男");
65   rbtn2=new JRadioButton("女");
66   ButtonGroup bg=new ButtonGroup();
67   bg.add(rbtn1);
68   bg.add(rbtn2);
69   combo=new JComboBox(s);
70   commitbtn=new JButton("注册");
71   commitbtn.addActionListener(this);
72   resetbtn=new JButton("重置");
73   resetbtn.addActionListener(this);
74   cancelbtn=new JButton("取消");
75   cancelbtn.addActionListener(this);
76   panel=new JPanel();
77   panel.add(rbtn1);
78   panel.add(rbtn2);
79   Border border=BorderFactory.createTitledBorder("");
80   panel.setBorder(border);
81   box=Box.createHorizontalBox();          //添加组件,采用盒式布局
82   box1=Box.createHorizontalBox();
83   box2=Box.createHorizontalBox();
84   box3=Box.createHorizontalBox();
85   box4=Box.createHorizontalBox();
86   box5=Box.createHorizontalBox();
87   box6=Box.createHorizontalBox();
88   box7=Box.createHorizontalBox();
89   box.add(Box.createHorizontalStrut(80));
90   box.add(titlelabel);
91   box.add(Box.createVerticalStrut(45));
92   box1.add(namelabel);
93   box1.add(Box.createHorizontalStrut(30));
94   box1.add(namefield);
95   box1.add(Box.createVerticalStrut(10));
96   box2.add(pwdlabel1);
97   box2.add(Box.createHorizontalStrut(30));
98   box2.add(pwdfield1);
99   box2.add(Box.createVerticalStrut(10));
100  box3.add(pwdlabel2);
101  box3.add(Box.createHorizontalStrut(20));
102  box3.add(pwdfield2);
103  box3.add(Box.createVerticalStrut(10));
104  box4.add(sexlabel);
105  box4.add(Box.createHorizontalStrut(40));
106  box4.add(panel);
107  box4.add(Box.createVerticalStrut(30));
108  box5.add(agelabel);
109  box5.add(Box.createHorizontalStrut(50));
```

```java
110        box5.add(agefield);
111        box5.add(Box.createHorizontalStrut(30));
112        box6.add(classlabel);
113        box6.add(Box.createHorizontalStrut(30));
114        box6.add(combo);
115        box6.add(Box.createVerticalStrut(30));
116        box7.add(commitbtn);
117        box7.add(Box.createHorizontalStrut(30));
118        box7.add(resetbtn);
119        box7.add(Box.createHorizontalStrut(30));
120        box7.add(cancelbtn);
121        box7.add(Box.createVerticalStrut(30));
122        setLayout(new FlowLayout(FlowLayout.LEFT,30,10));
123        this.add(box);
124        this.add(box1);
125        this.add(box2);
126        this.add(box3);
127        this.add(box4);
128        this.add(box5);
129        this.add(box6);
130        this.add(box7);
131    }
132    public void actionPerformed(ActionEvent e) {
133        if(e.getSource()==commitbtn) {
134            //接受客户的详细资料
135            Register rinfo=new Register();
136            rinfo.name=namefield.getText().trim();
137            rinfo.password=new String(pwdfield1.getPassword());
138            rinfo.sex=rbtn1.isSelected() ? "男" : "女";
139            rinfo.age=agefield.getText().trim();
140            rinfo.nclass=combo.getSelectedItem().toString();
141            //验证用户名是否为空
142            if(rinfo.name.length()==0) {
143                JOptionPane.showMessageDialog(null, "\t用户名不能为空");
144                return;
145            }
146            //验证密码是否为空
147            if(rinfo.password.length()==0) {
148                JOptionPane.showMessageDialog(null, "\t密码不能为空");
149                return;
150            }
151            //验证密码的一致性
152            if(!rinfo.password.equals(new String(pwdfield2.getPassword()))) {
153                JOptionPane.showMessageDialog(null,"两次输入的密码不一致,请重新输入");
154                return;
155            }
156            //验证年龄是否为空
157            if(rinfo.age.length()==0) {
```

```
158          JOptionPane.showMessageDialog(null, "\t 年龄不能为空");
159          return;
160        }
161        //验证年龄的合法性
162        int age=Integer.parseInt(rinfo.age);
163        if(age<=0 || age>100) {
164          JOptionPane.showMessageDialog(null, "\t 年龄输入不合法");
165          return;
166        }
167        JOptionPane.showMessageDialog(null,"\t 注册成功!");
168      }
169      if(e.getSource()==resetbtn) {
170        namefield.setText("");
171        pwdfield1.setText("");
172        pwdfield2.setText("");
173        rbtn1.isSelected();
174        agefield.setText("");
175        combo.setSelectedIndex(0);
176      }
177      if(e.getSource()==cancelbtn) {
178        iframe.dispose();
179      }
180    }
181  }
182  class Register{
183    String name;
184    String password;
185    String sex;
186    String age;
187    String nclass;
188  }
```

【程序分析】

（1）此任务仅采用了盒式布局，定义了 7 个盒子，略显烦琐，实际应用中可采用多种布局结合的方式进行布局。

（2）此任务仅对"注册"按钮的动作事件进行监听，有一定的反馈结果，但是把信息写到数据库的"注册"功能并没有实现。"重置"和"取消"按钮的动作事件大家可自主处理。

自 测 题

一、选择题

1. ItemEvent 事件的监听器接口是（　　）。
   A. ItemListener　　B. ActionListner　　C. WindowListener　　D. KeyListener

2. 下列的（　　）布局管理器是 Swing 中新增的布局。
   A. FlowLayout　　B. BorderLayout　　C. GridLayout　　D. BoxLayout
3. 选中一个新的选项时，JComboBox 会触发（　　）种事件。
   A. 1　　　　　　B. 2　　　　　　　C. 3　　　　　　　D. 4
4. JList 列表框的事件处理一般可分（　　）种。
   A. 1　　　　　　B. 2　　　　　　　C. 3　　　　　　　D. 4
5. 用户双击列表框中的某个选项时，则产生（　　）类的动作事件。
   A. MouseEvent　　　　　　　　　B. ListSelectionEvent
   C. ActionEvent　　　　　　　　　D. KeyEvent

二、填空题

1. 选中一个新的选项时，JComboBox 会触发_____事件，一次是取消前一个选项；另一次是选择当前选项，产生该事件后，JComboBox 紧接着触发_____事件。
2. ItemEvent 事件需要实现_____接口，该接口中只包含一个抽象方法_____，当选项的选择状态发生改变时被调用。
3. BoxLayout 布局可使用 3 种隐藏的组件做间隔，分别是_____、_____、_____。
4. 通常在 ItemStateChanged(ItemEvent e)方法里会调用_____方法获得产生这个选择事件的列表(List)对象的引用，再利用列表对象的_____方法或_____方法就可以方便地得知用户选择了列表的哪个选项。
5. 能够引发选项事件的 Swing 组件包括_____、_____、_____。

任务 9　读写考试系统中的文件

学习目标

(1) 熟悉输入/输出流类的定义及相关层次关系。
(2) 掌握字节流和字符流在文件读写中的使用方法。
(3) 掌握过滤流在文件读写中的使用方法。
(4) 掌握随机访问流在文件读写中的使用方法。
(5) 掌握打印流在文件读写中的使用方法。
(6) 熟悉对象序列化的步骤与应用。

9.1　任务描述

本任务是通过文件的方式对课程在线考试系统中的用户信息进行读写。主要包括两个方面。

1. 用户信息的注册

当用户输入符合要求的信息并单击"注册"按钮时,系统首先将用户信息的文件内容读出,并确认用户名是否已经存在。若存在,提示重新输入;若不存在,则把当前信息写到用户信息文件中。

2. 用户登录

当用户输入用户名和密码后,系统打开用户的信息文件,将输入的信息与读出的信息进行比较,如果比较结果一致,允许登录。否则提示出错原因,并重新登录。

9.2　相关知识

完成本任务所需要的知识点主要包括文件、输入流与输出流、过滤流和对象序列化等相关知识。

9.2.1 输入/输出流

在Java程序中,很多情况下应用程序需要与外部设备进行数据交换。比如,从键盘输入数据,将数据送到显示器中显示、读取或保存文件等。Java语言采用流(stream)的机制实现对外部设备数据的输入和输出。流是一种有方向的字节/字符数据序列,就像水管里的水流。按照流的方向可以分为输入流和输出流(见图9-1)。流入程序的数据就叫输入流,从程序流出的数据就叫输出流。对于程序来说,I/O流提供一条数据通道,输入流指的是数据的来源,程序从输入流中读取数据;输出流是数据要去的目的地,程序向输出流写数据,写的数据被传送到目的地。

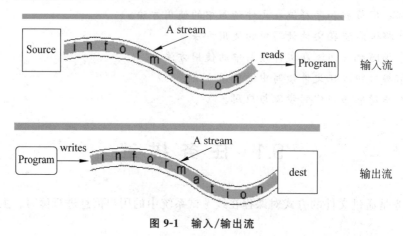

图9-1 输入/输出流

在Java开发环境中,对输入和输出流的操作主要由java.io包中提供的类和接口来实现。整个java.io包实际上包括File、InputStream、OutputStream、Reader、Writer五个类和一个Serializable接口。要使用这些类,程序必须导入java.io包。

在Java中,可以通过InputStream、OutputStream、Reader与Writer类来处理流的输入与输出。InputStream与OutputStream类通常用来处理"字节流",字节流表示以字节为单位,从stream中读取或向stream中写入信息,通常用来读写二进制数据,如图像和声音。例如Word文档、音频和视频文件等。而Reader与Writer类则用来处理"字符流",字符流是用来处理以2个字节为单位的Unicode字符,也就是纯文本文件,例如可以被Windows中的记事本直接编辑的文件。

1. 字节流

在Java语言中,字节流(InputStream类和OutputStream类)提供了处理字节的输入/输出方法,它提供了顶层的两个抽象类:InputStream和OutputStream,这两个类由Object类扩展而来,是所有字节输入流和字节输出流的基类,抽象类不能直接创建流对象,而由其所派生出来的子类提供读写不同数据的操作。图9-2展示了InputStream和OutputStream类派生的子类及其关系。

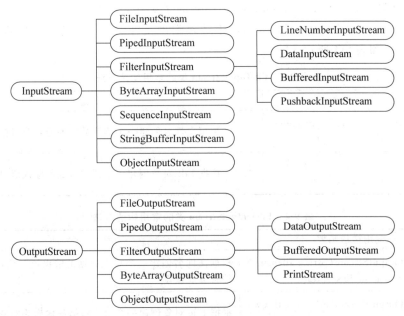

图 9-2　InputStream 和 OutputStream 类派生的子类

在表 9-1 和表 9-2 中分别列出了抽象类 InputStream 和 OutputStream 中的常用方法，这些方法都可以被它们所有的子类继承使用，所有这些方法在发生错误时都会抛出 IOException 异常，程序必须使用 try-catch 块捕获并处理这个异常。

表 9-1　InputStream 类的常用方法

常 用 方 法	用　　途
public int read[ ] throws IOException	从输入流读取一个字节的数据
public int read[byte[ ] b] throws IOException	从输入流读取字节数并存储在字节数组 b 中
public int read［byte［ ］b, int off, int len］throws IOException	从输入流中的 off 位置开始读取 len 字节数并存储在字节数组 b 中
public long skip(long n)throws IOException	从输入流中跳过 n 个字节
public void close( )throws IOException	关闭输入流，释放资源

表 9-2　OutputStream 类的常用方法

常 用 方 法	用　　途
public void write[ ] throws IOException	将指定的字节数据写入输出流
public void write[byte[ ] b] throws IOException	将字节数组写入输出流
public void write［byte［ ］b, int off, int len］throws IOException	从字节数组的 off 位置向输出流写入 len 个字节
public void flush( )throws IOException	强制将输出流保存在缓冲区中的数据写入输出流中
public void close( )throws IOException	关闭输入流，释放资源

在抽象类 InputStream 和 OutputStream 的子类中，文件输入流/文件输出流子类（FileInputStream/FileOutputStream）用于处理磁盘文件的读写操作。它们常用的构造函数如表 9-3 和表 9-4 所示。

表 9-3　FileInputStream 类的常用构造方法

常用构造函数	用　　途
public FileInputStream(String name) throws FileNotFoundException	根据文件名创建一个读取数据的输入流对象
public FileInputStream(File file) throws FileNotFoundException	根据 File 对象创建一个读取数据的输入流对象

表 9-4　FileOutputStream 类的常用构造方法

常用构造函数	用　　途
public FileOutputStream(String filename) throws FileNotFoundException	根据文件名创建一个写入数据的输出流对象，原先的文件将会被覆盖
public FileOutputStream(File file) throws FileNotFoundException	根据 File 对象创建一个写入数据的输出流对象
public FileOutputStream(File file, boolean b) throws FileNotFoundException	根据 File 对象创建一个写入数据的输出流对象；如果 b 为 true，则会将数据附加在原先的数据后面

FileInputStream 输入流的作用是从文件读取数据到内存。它使用 read()方法按照单个字节的顺序读取数据源中的数据，每调用一次，就从文件中读取一个字节，然后将该字节以整数（0～255 之间的一个整数）形式返回，如果到达文件末尾时，read()方法返回 -1，文件读取数据结束后，要调用 close()方法关闭输入流。创建 FileInputStream 对象时，若所指定的文件不存在，则会产生一个 FileNotFoundException 异常。

FileOutputStream 输出流的作用是将数据从内存写入文件。它使用 write()方法将字节写入输出流中，每次调用 write()方法，就向文件写入一个字节，直到输出流调用 close()方法关闭流为止。FileOutputStream 对象的创建不依赖于文件是否存在，都是通过实际文件路径（或其标识的 File 对象）来创建文件流。如果文件存在，则构造方法中有打开文件的操作。如果文件给定的是目录而不是文件，或者文件不存在又不能创建，或者文件存在却不能打开，则抛出 FileNotFoundException 异常。

在实际使用过程中，FileInputStream 和 FileOutputStream 经常配合使用以实现对文件的存取操作。

【例 9-1】　利用字节流实现对文本文件的复制。

源代码如下（FileStreamDemo.java）：

```
1   import java.io.*;
2   public class FileStreamDemo {
3     public static void main(String[] args) {
4       int b=0;
```

```
5       FileInputStream in=null;
6       FileOutputStream out=null;
7       try {
8         in=new FileInputStream("D: /chapter10/src/user.txt");
9         out=new FileOutputStream("D: /chapter10/src/user.bak");
10        while((b=in.read())!=-1){
11          //System.out.print((char)b);
12          out.write(b);
13        }
14        in.close();
15        out.close();
16      } catch(FileNotFoundException e) {
17        System.out.println("找不到指定文件"); System.exit(-1);
18      } catch(IOException e1) {
19        System.out.println("文件复制错误"); System.exit(-1);
20      }
21      System.out.println("文件已复制");
22    }
23  }
```

【程序分析】

（1）第5行和第6行定义的是字节流，它不仅可以读写文本文件，还可以读写图片、声音、影像文件。

（2）第8行和第9行的文件需要带有绝对目录。

（3）第16行和第18行对可能产生的异常进行了捕获处理。一个是创建输入流对象时找不到文件引发的 FileNotFoundException 异常；另一个是循环读取文件中的内容时引发的 IOException 异常。

（4）如果将文本文件 user.txt 的内容在控制台上输出，则只需做如下的修改。

```
while((b=in.read())!=-1){
    System.out.print((char)b);
}
```

（5）如果 user.txt 中包含汉字，通过字节流操作则不能正常显示，将会出现一堆乱码。这是因为一个汉字占两个字节，而字节流读取的内容是以一个字节为单位的。

2. 字符流

字符流（Reader 类和 Writer 类）是以一个字符（两个字节）的长度为单位进行数据处理的，同时进行适当的字符编码转化处理。Reader 和 Writer 是所有字符流的基类，属于抽象类，它们的子类为字符流的输入/输出提供了丰富的功能。

表 9-5 和表 9-6 列出了 Reader 类和 Writer 类的常用方法，所有这些方法在发生错误时都会抛出 IOException 异常，Reader 和 Writer 两个抽象类定义的方法都可以被它们所

有的子类继承。

表 9-5　Reader 类的常用方法

常 用 方 法	用　　途
public int read()	从输入流读取一个字符,如果到达文件末尾,则返回－1
public int read(char buf[])	从输入流中将指定个数的字符读入数组 buf 中,并返回读取成功的实际字符数目。如果到达文件末尾,则返回－1
public int read(char buf[], int off, int len)	从输入流中将 len 个字符从 buf[off]位置开始读入数组 buf 中,并返回读取成功的实际字符数目。如果到达文件末尾,则返回－1
public void close()	关闭输入流。如果试图继续读取,将产生一个 IOException 异常

表 9-6　Writer 类的常用方法

常 用 方 法	用　　途
public void writer(int c) throws IOException	将一个字符写入输出流中
public void writer(char[] cbuf) throws IOException	将一个完整的字符数组写入输出流中
public void writer(String str) throws IOException	将一个字符串写入输出流中
public abstract void close() throws IOException	关闭输出流
public abstract void flush() throws IOException	强制将输出流中的字符输出到指定的输出流中

　　Java 定义了字符流的子类文件输入/输出流(FileReader 类和 FileWriter 类),用来处理磁盘文件的读写操作。它们的对象可以使用 Reader 类和 Writer 类提供的方法。

　　要使用 FileReader 类读取文件,必须使用 FileReader()构造函数产生 FileReader 类的对象,再利用它来调用 read()方法。如果创建输入流时对应的磁盘文件不存在,则抛出 FileNotFoundException 异常,因此在创建 FileReader 对象时需要对其进行捕获或者继续向外抛出。

　　FileReader 类的构造方法如表 9-7 所示。

表 9-7　FileReader 类的常用构造方法

构 造 方 法	功　　能
public FileReader(String filename) throws FileNotFoundException	根据文件名创建一个字符输入流对象
public FileReader(Fiel file) throws FileNotFoundException	根据指定的文件对象创建一个字符输入流对象

　　字符输出流 FileWriter 类继承了 Writer 类,因而 FileWriter 类对象可以使用 Writer 类的常用方法。要使用 FileWriter 类将数据写入文件,必须先调用 FileWriter 类的构造函数创建 FileWriter 类对象,再利用它来调用 writer()方法。FileWriter 对象的创建不依赖于文件存在与否,在创建文件之前,FileWriter 将在创建对象时打开它来作为输出。FileWriter 类的构造方法如表 9-8 所示。

表 9-8 FileWriter 类的常用构造方法

构造方法	功能
public FileWriter(String filename) throws IOException	根据文件名创建一个字符输出流对象,原先的文件会被覆盖
public FileWriter(File file) throws IOException	根据指定的文件对象创建一个字符输出流对象

【例 9-2】 利用字符流实现对文本文件的复制。

源程序如下(FielReaderWriter.java):

```
1   import java.io.*;
2   public class  FileReaderWriter{
3     public static void main(String[] args) throws Exception {
4       FileReader fr=new FileReader("D: /chapter10/src/user1.txt ");
5       FileWriter fw=new FileWriter("D: /chapter10/src/user1.bak ");
6       int b;
7       while((b=fr.read()) !=-1) {
8           fw.write(b);
9       }
10      fr.close();
11      fw.close();
12    }
13  }
```

【程序分析】

(1) 第 3 行程序通过 throws Exception 在 main()方法中抛出可能出现的异常,抛出的异常由 JVM(虚拟机)处理。

(2) 第 7~9 行是从输入流中循环读取一个字符,并写入输出流。如果到达文件末尾,则返回 -1,结束循环。

(3) 如果 user.txt 中含有汉字,将其中的内容输出到控制台,只需做如下的修改。

```
while((b=fr.read()) !=-1){
    System.out.print((char)b);
}
```

由于 FileReader 类是以两个字节为单位读取文件中的内容,因此即使文件中有汉字,依然能够正确显示在屏幕上。

9.2.2 过滤流

前面所学习的字节流和字符流提供的读取文件的方法,一次只能读取一个字节或字符。如果要读取整数值、双精度或字符串数值,则需要一个过滤流(Filter Streams),过滤流通过包装输入流可以读取整数值、双精度和字符串数值,过滤流必须以某一个节点流作为流的来源,可以在读写数据的同时完成对数据的处理。

为了使用一个过滤流,必须首先把过滤流连接到某个输入/输出流上,通过在构造方法的参数中指定所要连接的输入/输出流来实现。例如:

- FilterInputStream(InputStream in);
- FilterOutputStream(OutputStream out);

过滤流分为面向字节和面向字符两种。本节将以面向字符的 BufferedReader 类、BufferedWriter 类以及面向字节的 DataInputStream 类和 DataOutputStream 类为例介绍过滤流的使用方法。

Java 语言中,将缓冲流(BufferedReader 和 BufferedWriter 类)同基本的字符输入/输出流(例如 FileReader 和 FileWriter 类)相连。通过基本的字符输入流将一批数据读入缓冲区,BufferedReader 流将从缓冲区读取数据,而不是每次都直接从数据源读取,有效地提高了读操作的效率。其中 BufferedReader 类的 readLine()方法可以一次读入一行字符,并以字符串的形式返回,常用的构造方法如表 9-9 所示。

表 9-9 **BufferedReader 类的常用构造函数及方法**

常用的构造函数及方法	功 能
public BufferedReader(Reader in) throws IOException	创建缓冲区字符输入流
public BufferedReader(Reader in,int size) throws IOException	创建缓冲区的字符输入流,并设置缓冲区的大小
public String readLine() throws IOException	读取一行字符串

缓冲流 BufferedWriter 将一批数据写到缓冲区,基本字符输出流不断地将缓冲区中的数据写入目标文件中。当 BufferedWriter 调用 flush()方法刷新缓冲区或调用 close()方法关闭缓冲流时,即使缓冲区中的数据还未满,缓冲区中的数据也会立刻被写至目标文件中,常用的构造函数和常用方法如表 9-10 所示。

表 9-10 **BufferedWriter 类的构造函数及方法**

构造函数及常用方法	功 能
public BufferedWriter(Writer out)	创建缓冲区字符输出流
public void write(int c) throws IOException	将一个字符写入文件
public void write(char[] cbuf, int off, int len) throws IOException	将一个字符数组从 off 位置开始的 len 个字符写入文件中
public void write(String s, int off, int len) throws IOException	将一个字符串从 off 位置开始的 len 个字符写入文件中
public void newline() throws IOException	将一个换行字符写入文件中

【例 9-3】 将字符串按照行的方式写入文件中,然后再将文件的内容以行的方式输出到屏幕中。

源程序如下(BufferDemo.java):

```java
1   import java.io.*;
2   public class BufferDemo{
3     public static void main(String[] args) {
4       String s;
5       try {
6         FileWriter fw=new  FileWriter(""D:/chapter10/src/hello.txt");
7         FileReader fr=new  FileReader(""D:/chapter10/src/hello.txt");
8         BufferedWriter bw=new BufferedWriter(fw);
9         BufferedReader br=new BufferedReader(fr);
10        bw.write("Hello");
11        bw.newLine();
12        bw.write("Everyone");
13        bw.newLine();
14        bw.flush();
15        while((s=br.readLine())!=null){
16          System.out.println(s);
17        }
18        bw.close();
19        br.close();
20        fr.close();
21        fw.close();
22      } catch(IOException e) { e.printStackTrace();}
23    }
24  }
```

【程序分析】

(1) 第6、7行创建文件字符输入/输出流对象。

(2) 第8行将缓冲输出流与文件输出流相连。

(3) 第9行将缓冲输入流与文件输入流相连。

(4) 第10、12行写入字符串。

(5) 第11、13行写入换行符。

(6) 第14行刷新缓冲区。

(7) 第15~17行循环按行读入输入流的内容,并输出到控制台中。

(8) 第18~21行关闭所有流操作。

9.2.3 数据流

在使用Java语言进行读取数据时,除了对二进制文件和文本文件进行读取外,还经常读取Java的基本数据类型和字符串数据。基本数据类型数据包括 byte、int、char、long、float、double、boolean 和 short 类型。若使用前面所学的字节流和字符流来处理这些数据,将会非常麻烦。Java语言提供了 DataInputStream 和 DataOutputStream 类对基本数据类型进行操作。

在 DataInputStream 和 DataOutputStream 两个类中,读、写方法的基本结构为 read×××() 和 write×××(),其中××× 代表基本数据类型或者 String 类型,例如 readInt()、readByte()、writeChar()、writeBoolean() 等,DataInputStream 类和 DataOutputStream 类的基本用法参见表 9-11 和表 9-12。

表 9-11 DataInputStream 类的构造函数及常用方法

构造函数及常用方法	功　能
public DataInputStream(InputStream in)	使用 InputStream 类对象创建一个 DataInputStream 类对象
public int readInt(byte[] b) throws IOException	从包含的输入流中读取一定数量的字节,并将它们存入缓冲区数组 b 中
public boolean readBoolean() throws IOException	读取一个输入字节,如果该字节不为零,则返回 true;如果是零,则返回 false
public byte readByte() throws IOException	读取并返回一个字节
public char readChar() throws IOException	读取两个输入字节并返回一个 char 值
public String readUTF() throws IOException	读入一个已使用 UTF-8 修改版格式编码的字符串

表 9-12 DataOutputStream 类的构造函数及常用方法

构造函数及常用方法	功　能
public DataOutputStream(OutputStream out)	创建一个新的数据输出流,将数据写入指定的基础输出流
public void writeByte(int value)	将 value 的低字节输出到基础数据流中
public void writeBoolean(boolean value)	将 boolean 类型的 value 作为一个字节写入基础输出流中。如果 value 为 true 则写入 1,否则写入 0
public void writeChar(int value)	将一个 int 类型的 value 的两个字节写入基础数据流中,先写入高字节
public void writeInt(int value)	将 int 类型的 value 的 4 个字节写入基础输出流中
public void writeFloat(float value)	将 float 类型的 value 的 4 个字节写入基础输出流中
public void writeUTF(String str) throws IOException	将一个 UTF 格式的字符串写入基础输出流中
public void writeChars(String s) throws IOException	将字符串按照字符顺序写入基础输出流中
public void flush() throws IOException	清空数据输出流

【例 9-4】 把数据写入文件中并输出。

源程序如下(DataStreamDemo.java):

```
1   import java.io.*;
2   class DataStreamDemo {
3     publicstaticvoid main(String[] args) throws IOException {
```

```
4        FileOutputStream fos=new FileOutputStream("G:/jsp15/a.txt");
5        DataOutputStream dos=new DataOutputStream(fos);
6     try{ dos.writeUTF("北京");
7        dos.writeInt(2016);
8        dos.writeUTF("欢迎您!");
9     }
10    finally{
11     System.out.println("数据已经写入文件");
12     dos.close();
13    }
14    FileInputStream fis=new FileInputStream("G:/jsp15/a.txt");
15    DataInputStream dis=new DataInputStream(fis);
16    try{
17       System.out.print(dis.readUTF()+dis.readInt()+dis.readUTF());
18    }
19    finally{
20       dis.close();
21    }
22   }
23 }
```

程序的运行结果如下：

数据已经写入文件
北京 2016 欢迎您!

【程序分析】

(1) 第 4 行创建 a.txt 文件输出流对象。

(2) 第 5 行创建数据输出流对象，并与文件输出流相连。

(3) 第 6～8 行将数据写入 a.txt 文件。

(4) 第 14 行创建文件输入流对象。

(5) 第 15 行创建数据输入流对象，并与文件输入流相连。

(6) 第 17 行从数据输入流中读入不同类型的数据。

9.2.4 文件操作类

在 java.io 包中提供了 File 类来处理文件和文件系统，包括文件的创建、删除、重命名、取得文件大小、修改日期等。Java 语言通过 File 类建立与磁盘文件的联系。File 类主要用来获取文件或者目录的信息，File 类的对象本身不提供对文件的处理功能。要想对文件实现读写操作，需要使用相关的输入/输出流。

File 类属于 java.io，File 类提供了 3 种构造函数用于生成 File 类对象。File 类的构造方法见表 9-13。

表 9-13 File 类的构造方法

构 造 函 数	功　　能
public File(String name)	创建一个由字符串 name 命名的文件
public File(String pathname,String filename)	创建一个 File 对象,与 pathname 目录下的 filename 关联
public File(File path,String file)	创建一个 File 对象,与 path 目录下的 filename 关联

要使用一个 File 类,必须向 File 类构造函数传递一个文件路径。例如,下面的语句以不同的方式创建了文件对象 f1、f2、fe,均指向 user.dat 文件。

```
File f1=new File("user.dat");
File f2=new File("c:/data/user.dat");
File f3=new File("c:/data", "user.dat");
```

File 类的常用方法如表 9-14 所示。

表 9-14 File 类的常用方法

常 用 方 法	功　　能
public boolean createNewFile()	创建一个新文件
public String getName()	返回当前对象的文件名
public boolean delete()	删除文件
public boolean exists()	判断文件是否存在
public boolean isDirecory()	判断给定的文件类对象是否是一个目录
public long length()	返回文件的大小
public String[] list()	返回当前 File 对象指定的路径文件列表
public File[] listFiles()	列出指定目录的全部内容
public boolean mkdir()	创建一个目录
public boolean rename(File dest)	为已有的文件重命名

【例 9-5】 若文件不存在,则新建文件;若文件已存在,则将其删除。

源程序如下(FileDemo.java):

```
1   import java.io.File;
2   import java.io.IOException;
3   public class FileDemo{
4       public static void main(String args[]){
5           File f=new File("d:/java/test.txt");
6           if(f.exists()){
7               System.out.print("文件已经存在,删除它!");
8               f.delete();
9           }
10          else{
11              try{
```

```
12              f.createNewFile();
13          }catch(IOException e){
14              e.printStackTrace();
15          }
16      }
17  }
18 }
```

【程序分析】

(1) 第 5 行创建了一个文件类对象。

(2) 第 8 行删除了存在的文件。

(3) 第 12 行创建新文件。

(4) 第 13 行对创建文件过程中可能出现的 IOException 异常进行处理。

9.2.5 文件的随机访问

RandomAccessFile 类（随机访问文件类）直接继承自 Object 类，它既不是 InputStream 类的子类，也不是 OutputStream 的子类，它所创建的流和前面所学的输入流和输出流不同。RandomAccessFile 类创建的流的指向既可以作为源，也可以作为目的，即 RandomAccessFile 类创建的流可以同时对文件进行读写操作。

另外，对于前面所学的输入流和输出流来说，它们创建的对象都是按照先后顺序来访问流的，即只能进行顺序地读写操作，而 RandomAccessFile 具有随机读写文件的功能，所谓的随机访问文件，是指在文件内的任意位置进行读写操作，RandomAccessFile 类通过一个文件指针适当地移动来实现文件的任意访问，在对文件读写方面具有更大的灵活性。

在创建 RandomAccessFile 对象时，不仅要说明文件对象或文件名，同时还需要指明访问模式，即"只读方式"（r）或"读写方式"（rw）。RandomAccessFile 类的构造函数及常用方法如表 9-15 所示。

表 9-15　RandomAccessFile 类的构造函数及常用方法

构造函数及常用方法	功　　能
public RandomAccessFile(String name, String mode)	创建可以读取和写入的随机存取文件流，文件名由 name 给定，读写方式由 mode 给出
public RandomAccessFile(File file, String mode)	创建可以读取和写入的随机存取文件流，文件名由 file 对象给定，读写方式由 mode 给出
public long getFilePointer()	得到当前文件的指针
public void seek(long pos)	文件指针移到指定位置
public int skipBytes(int n)	使文件指针向前移动指定的 n 个字节
public long length()	返回文件的长度
public boolean readBoolean()	从文件中读取一个布尔值数据

续表

构造函数及常用方法	功　能
public int readLine(0)	从文件中读取下一行文本
public void write(int b)	向文件中写入指定的字节
public void write(byte[] b)	从当前指针开始将 b.length 个字节写入文件中
public void writeBoolean(boolean v)	写入一个布尔值数据

【例 9-6】 创建随机存取文件,将数据存储到该文件并进行读取。

源程序如下(RandowAccessFileDemo.java):

```
1   import java.io.*;
2   public class RandomAccessFileDemo throws IOException{
3     public static void main(String args[]){
4       File f=new File("c:/data/raf.dat");
5       RandomAccessFile raf=new RandomAccessFile(f,"rw");
6       String username="javalover";
7       int age=18;
8       raf.writeUTF(username);
9       raf.writeInt(age);
10      System.out.println("文件创建完毕");
11      System.out.println("按顺序读取文件中的数据");
12      raf.seek(0);
13      System.out.println(raf.readUTF());
14      System.out.println(raf.readInt());
15    }
16  }
```

【程序分析】

(1) 第 5 行按照 rw 方式访问 raf.dat 文件。

(2) 第 8 行将字符串数据写入文件。

(3) 第 9 行将整型数据写入文件。

(4) 第 13 行从文件中读出 UTF 格式字符串。

(5) 第 14 行从文件中读出整型数据。

9.2.6　标准输入/输出流

所谓的标准输入/输出流,是在 java.lang.System 类中包含的三个预定义的流变量:out、in、err。

- System.out:代表标准输出流。默认情况下,数据输出到控制台中。
- System.in:代表标准输入流。默认情况下,数据源是键盘。
- System.err:代表标准错误流。默认情况下,数据输出到控制台中。

一般情况下,利用 System.in 进行键盘输入,通常是一行一行地读取数据。

【例 9-7】 实现按行读取数据的功能。

源程序如下(SystemDemo.java)：

```
1   import java.io.*;
2   publicclass SystemDemo{
3     publicstaticvoid main(String[] args) throws IOException{
4       int a;
5       float b;
6       String str;
7       BufferedReader br=new BufferedReader(new InputStreamReader(System.
        in));
8       System.out.print("请输入加数(整型)：");
9       str=br.readLine();
10      a=Integer.parseInt(str);
11      System.out.print("请输入被加数(实型)：");
12      str=br.readLine();
13      b=Float.parseFloat(str);
14      System.out.println("两数相加结果为："+(a+b));
15      System.out.print("请输入一个字符：");
16      String s=br.readLine();
17      System.out.println("输入的字符串为："+s);
18    }
19  }
```

程序的运行结果如下：

请输入加数(整型)：1
请输入被加数(实型)：1.1
两数相加结果为：2.1
请输入一个字符：a
输入的字符串为：a

【程序分析】

在该例中，系统将所有通过键盘输入的数据都看作字符串类型，如果输入的数据要求用其他数据类型，则需要进行转换。另外，利用 System.in 实现按行输入的功能时，实现起来相对复杂。

JDK 1.5 新增的 java.util.Scanner 类同样可以实现按行输入的功能。使用 Scanner 类读取数据的步骤如下。

(1) 创建 Scanner 对象：

`Scanner reader=new Scanner(System.in);`

(2) 调用下列方法读取用户在命令行输入的各种数据类型：next.Byte()、nextDouble()、nextFloat()、nextInt()、nextLine()、nextLong()、nextShort 等。执行上述方法时，都会等待用户在命令行输入数据并按 Enter 键确认。下面利用 Scanner 类实现与例 9-7 相同的功能。

【例 9-8】 利用 Scanner 读取数据。

源程序如下(ScannerDemo.java)：

```java
1   import java.util.Scanner;
2   publicclass ScannerDemo {
3     publicstaticvoid main(String[] args) {
4       int a;
5       float b;
6       String str;
7       Scanner cin=new Scanner(System.in);        //创建输入处理的对象
8       System.out.print("请输入加数(整型):");
9       a=cin.nextInt();
10      System.out.print("请输入被加数(实型):");
11      b=cin.nextFloat();
12      System.out.println("两数相加结果为:"+(a+b));
13      System.out.print("请输入一个字符:");
14      str=cin.next();
15      System.out.println("输入的字符串为:"+str );
16    }
17  }
```

程序的运行结果如下:

请输入加数(整型):123
请输入被加数(实型):10.5
两数相加结果为:133.5
请输入一个字符:a
输入的字符串为:a

9.2.7 对象序列化

进行面向对象编程时,经常要将数据与相关的操作封装在某一个类中。例如,用户的注册信息和对用户信息的编辑、读取等操作被封装在一个类中。在实际应用中,需要将整个对象及其状态一并保存到文件中或者用于网络传输,同时又能够将该对象还原成原来的状态。这种将程序中的对象写入文件,以及从文件中将对象恢复出来的机制就是对象序列化。序列化的实质是将对象转换成二进制数据流的一种方法,而把字节序列恢复为Java对象的过程称为对象的反序列化。

在Java中,对象序列化是通过java.io.Serializable接口和对象流类objectInputStream、ObjectOutputStream来实现的。

具体步骤如下:

(1)定义一个可以序列化对象。只有实现Serializable接口的类才能序列化,Serializable接口中没有任何方法。当在一个类声明中实现Serializable接口时,表明该类加入了对象系列化协议。

(2)构造类对象的输入/输出流。将对象写入字节流和从字节流中读取数据,分别通过ObjectInputStream和ObjectOutputStream来实现。其中ObjectOutputStream类中提供了writeObject()方法,用于将指定的对象写入对象输出流中,即对象的序列化;

ObjectInputStream 类中提供了 readObject()方法,用于从对象输入流中读取对象,即对象的反序列化。

从某种意义来看,对象流与数据流是相类似的,也具有过滤流的特性。利用对象流输入、输出对象时,不能单独使用,需要与其他的流连接起来。同时,为了保证读出正确的数据,必须保证向对象输出流写对象的顺序与从对象输入流读对象的顺序一致。

【例 9-9】 在这个例子中,首先定义一个候选人所属的 Candidate 类,实现了 Serializable 接口,然后通过对象输出流的 writeObject()方法将 Candidate 对象保存到 candidates.obj 文件中。再通过对象输入流的 readObject()方法从 candidates.obj 文件中读出 Candidate 对象。

源程序如下(ObjectStreamDemo.java):

```
1   import java.io.*;
2   class Candidate implements Serializable{
3   //存放候选人资料的类
4     private String fullName,city;
5     private int age;
6     private boolean married;
7     public Candidate(String fullName, int age,  String city){
8       this.fullName=fullName;
9       this.age=age;
10      this.city=city;
11    }
12    public String toString(){
13      return (fullName+","+age+","+city);
14    }
15  }
16  class ObjectStreamDemo{
17    public static void main(String[] args) throws Exception{
18      Candidate[] candidates=new Candidate[2];
19      candidates[0]=new Candidate("张三", 33, "北京");
20      candidates[1]=new Candidate("李四", 32, "上海");
21      //创建对象输出流和文件输出流相连
22      ObjectOutputStream oos;
23      oos=new ObjectOutputStream(new FileOutputStream("candidates.obj"));
24      //将对象中的数据写入对象输出流中
25      oos.writeObject(candidates);
26      //关闭对象输出流
27      oos.close();
28      candidates=null;
29      //创建对象输入流并与文件输入流相连
30      ObjectInputStream ois;
31      ois=new ObjectInputStream(new FileInputStream("candidates.obj"));
```

```
32      //从输入流中读取对象
33      candidates=(Candidate[]) ois.readObject();
34      System.out.println("候选人名单如下。");
35      for(int i=0; i<candidates.length; i++)
36          System.out.println("候选人 "+(i+1)+": "+candidates[i]);
37      //关闭对象输入流
38      ois.close();
39   }
40 }
```

程序的运行结果如下:

候选人名单如下。
候选人 1: 张三, 33, 北京
候选人 2: 李四, 32, 上海

【程序分析】

(1) 第 2 行定义 Candidate 类,实现序列化。
(2) 第 18 行定义 Candidate 类数组,长度为 2。
(3) 第 22 行和第 23 行创建对象输出流对象并指向 candidate.obj 文件。
(4) 第 25 行将对象中的数据写入对象输出流中。
(5) 第 27 行关闭对象输出流。
(6) 第 31 行保存对象的文件名,一般不用 .txt,建议采用 .obj 或 .ser 作为扩展名。
(7) 第 33 行从输入流中读取对象。
(8) 第 38 行关闭对象输入流。

9.3 任 务 实 施

本节以读写用户信息文件 user.dat 为例进行说明。在注册功能模块中,当输入考生注册信息时,单击"注册"按钮后,系统首先进行读文件操作,将当前的用户名和考试信息中的用户名进行比较,若用户名已存在,将提示重新输入;若填写的用户信息不存在,则将当前用户的信息写入 user.dat 中,用对象流进行文件的读写操作。

源程序如下(Register_GUI.java):

```
1 //package system_source;
2 import java.awt.BorderLayout;
3 import java.awt.Component;
4 import java.awt.Dimension;
5 import java.awt.Font;
6 import java.awt.GridBagConstraints;
7 import java.awt.GridBagLayout;
8 import java.awt.Toolkit;
9 import java.awt.event.ActionEvent;
```

```java
10 import java.awt.event.ActionListener;
11 import java.io.File;
12 import java.io.FileInputStream;
13 import java.io.FileNotFoundException;
14 import java.io.FileOutputStream;
15 import java.io.IOException;
16 import java.io.ObjectInputStream;
17 import java.io.ObjectOutputStream;
18 import java.util.Vector;
19 import java.io.Serializable;
20 import javax.swing.BorderFactory;
21 import javax.swing.Box;
22 import javax.swing.ButtonGroup;
23 import javax.swing.JButton;
24 import javax.swing.JComboBox;
25 import javax.swing.JFrame;
26 import javax.swing.JLabel;
27 import javax.swing.JOptionPane;
28 import javax.swing.JPanel;
29 import javax.swing.JPasswordField;
30 import javax.swing.JRadioButton;
31 import javax.swing.JTextField;
32 import javax.swing.border.Border;
33
34 public class Register_GUI
35 {
36     public Register_GUI()
37     {
38         RegisterFrame rf=new RegisterFrame();
39         rf.setVisible(true);
40     }
41     public static void main(String args[]){
42         new Register_GUI();
43     }
44 }
45 //框架类
46 class RegisterFrame extends JFrame
47 {
48     private Toolkit tool;
49     public RegisterFrame()
50     {
51         setTitle("用户注册");
52         tool=Toolkit.getDefaultToolkit();
53         Dimension ds=tool.getScreenSize();
54         int w=ds.width;
55         int h=ds.height;
56         setBounds((w-300)/2,(h-300)/2, 300, 300);
57         setResizable(false);
```

```java
58          BorderLayout bl=new BorderLayout();
59          setLayout(bl);
60          RegisterPanel rp=new RegisterPanel(this);
61          add(rp,BorderLayout.CENTER);
62       //pack();
63       }
64  }
65
66  //容器类
67  class RegisterPanel extends JPanel implements ActionListener
68  {
69       private static final long serialVersionUID=1L;
70       private JLabel titlelabel,namelabel,pwdlabel1,pwdlabel2,sexlabel,
71       agelabel,classlabel;
72       private JTextField namefield,agefield;
73       private JPasswordField pwdfield1,pwdfield2;
74       private JButton commitbtn,resetbtn,cancelbtn;
75       private JRadioButton rbtn1,rbtn2;
76       private JComboBox combo;
77       private Vector< String> v;
78       private GridBagLayout gbl;
79       private GridBagConstraints gbc;
80       private JPanel panel;
81       private Box box;
82       private JFrame iframe;
83       //private Box box,box1,box2,box3,box4,box5,box6,box7;
84       public RegisterPanel(JFrame frame)
85       {
86          iframe=frame;
87          titlelabel=new JLabel("用户注册");
88          titlelabel.setFont(new Font("隶书",Font.BOLD,24));
89          namelabel=new JLabel("用户名:");
90          pwdlabel1=new JLabel("密码:");
91          pwdlabel2=new JLabel("确认密码:");
92          sexlabel=new JLabel("性别:");
93          agelabel=new JLabel("年龄:");
94          classlabel=new JLabel("所属班级:");
95          namefield=new JTextField(16);
96          pwdfield1=new JPasswordField(16);
97          //设置密码框中显示的字符
98          pwdfield1.setEchoChar('*');
99          pwdfield2=new JPasswordField(16);
100         pwdfield2.setEchoChar('*');
101         agefield=new JTextField(16);
102         rbtn1=new JRadioButton("男");
103         rbtn2=new JRadioButton("女");
104         rbtn1.setSelected(true);
105         ButtonGroup bg=new ButtonGroup();
```

```
106        bg.add(rbtn1);
107        bg.add(rbtn2);
108        v=new Vector< String> ();
109        v.add("软件英语053");
110        v.add("软件英语052");
111        v.add("软件英语051");
112        v.add("计算机应用051");
113        v.add("计算机应用052");
114        combo=new JComboBox(v);
115        commitbtn=new JButton("注册");
116        commitbtn.addActionListener(this);
117        resetbtn=new JButton("重置");
118        resetbtn.addActionListener(this);
119        cancelbtn=new JButton("取消");
120        cancelbtn.addActionListener(this);
121        panel=new JPanel();
122        panel.add(rbtn1);
123        panel.add(rbtn2);
124        Border border=BorderFactory.createTitledBorder("");
125        panel.setBorder(border);
126
127        box=Box.createHorizontalBox();
128        box.add(commitbtn);
129        box.add(Box.createHorizontalStrut(30));
130        box.add(resetbtn);
131        box.add(Box.createHorizontalStrut(30));
132        box.add(cancelbtn);
133
134        //添加组件,采用箱式布局
135        gbl=new GridBagLayout();
136        setLayout(gbl);
137        gbc=new GridBagConstraints();
138        addCompnent(titlelabel,0,0,4,1);
139        add(Box.createVerticalStrut(20));
140        gbc.anchor=GridBagConstraints.CENTER;
141        gbc.fill=GridBagConstraints.HORIZONTAL;
142        gbc.weightx=0;
143        gbc.weighty=100;
144        addCompnent(namelabel,0,1,1,1);
145        addCompnent(namefield,1,1,4,1);
146        addCompnent(pwdlabel1,0,2,1,1);
147        addCompnent(pwdfield1,1,2,4,1);
148        addCompnent(pwdlabel2,0,3,1,1);
149        addCompnent(pwdfield2,1,3,4,1);
150        addCompnent(sexlabel,0,4,1,1);
151        //addCompnent(rbtn1,1,4,1,1);
152        //addCompnent(rbtn2,2,4,1,1);
153        addCompnent(panel,1,4,1,1);
```

```java
154        gbc.anchor=GridBagConstraints.EAST;
155        gbc.fill=GridBagConstraints.NONE;
156        addCompnent(agelabel,2,4,1,1);
157        gbc.fill=GridBagConstraints.HORIZONTAL;
158        addCompnent(agefield,3,4,2,1);
159        addCompnent(classlabel,0,5,1,1);
160        addCompnent(combo,1,5,4,1);
161        gbc.anchor=GridBagConstraints.CENTER;
162        gbc.fill=GridBagConstraints.NONE;
163        addCompnent(box,0,6,4,1);
164    }
165    //定义一个用网格组布局的通用方法
166    public void addCompnent(Component c,int x,int y,int w,int h)
167    {
168        gbc.gridx=x;
169        gbc.gridy=y;
170        gbc.gridwidth=w;
171        gbc.gridheight=h;
172        add(c,gbc);
173    }
174    //@ Override
175    public void actionPerformed(ActionEvent e)
176    {
177        if(e.getSource()==commitbtn)
178        {
179            //接受客户的详细资料
180            Register rinfo=new Register();
181            rinfo.name=namefield.getText().trim();
182            rinfo.password=new String(pwdfield1.getPassword());
183            rinfo.sex=rbtn1.isSelected()?"男":"女";
184            rinfo.age=agefield.getText().trim();
185            rinfo.nclass=combo.getSelectedItem().toString();
186
187            //验证用户名是否为空
188            if(rinfo.name.length()==0)
189            {
190                JOptionPane.showMessageDialog(null,"\t用户名不能为空");
191                return;
192            }
193
194            //验证密码是否为空
195            if(rinfo.password.length()==0)
196            {
197                JOptionPane.showMessageDialog(null,"\t密码不能为空");
198                return;
199            }
200
201            //验证密码的一致性
```

```
202         if(! rinfo.password.equals(new
              String(pwdfield2.getPassword())))
203         {
204            JOptionPane.showMessageDialog(null,"密码两次输入不一致,请
205               重新输入");
206            return;
207         }
208
209         //验证年龄是否为空
210         if(rinfo.age.length()==0)
211         {
212            JOptionPane.showMessageDialog(null,"\t 年龄不能为空");
213            return;
214         }
215         //验证年龄的合法性
216         int age=Integer.parseInt(rinfo.age);
217         if (age<=0||age>100){
218            JOptionPane.showMessageDialog(null,"\t 年龄输入不合法");
219            return;
220         }
221
222         Register_Login rl=new Register_Login(rinfo);
223         rl.register();
224         if(rl.regtSuced())
225         {
226         //new LoginFrame();
227            iframe.dispose();
228         }
229      }
230      if(e.getSource()==resetbtn)
231      {
232         namefield.setText("");
233         pwdfield1.setText("");
234         pwdfield2.setText("");
235         rbtn1.isSelected();
236         agefield.setText("");
237         combo.setSelectedIndex(0);
238      }
239      if(e.getSource()==cancelbtn)
240      {
241         //new LoginFrame();
242         iframe.dispose();
243      }
244   }
245 }
246
247 class Register_Login
248 {
```

```java
249     Register regt=new Register();
250     Login login=new Login();
251     private boolean loginSuccess=false;
252     private boolean regtSuccess=false;
253     public Register_Login(Register  reg){
254         regt=reg;
255     }
256     public void register(){
257        File  f;
258        FileInputStream fi;
259        FileOutputStream fo;
260        Vector vuser=new Vector();
261        ObjectInputStream ois;
262        ObjectOutputStream oos;
263        int flag=0;
264        try{
265           f=new File("users.dat");
266           if(f.exists()){
267              fi=new FileInputStream(f);
268              ois=new ObjectInputStream(fi);
269              vuser=(Vector)ois.readObject();
270              for(int i=0;i< vuser.size();i++){
271                Register regtmesg= (Register)vuser.elementAt(i);
272                 if(regtmesg.name.equals(regt.name)){
273                 JOptionPane.showMessageDialog(null,"该用户已存在,请重新输入");
274                  flag=1;
275                  break;
276                 }
277              }
278             fi.close();
279             ois.close();
280           }
281           if (flag==0){
282                //添加新注册用户
283             vuser.addElement(regt);
284                //将向量中的类写回文件
285             fo=new FileOutputStream(f);
286             oos=new ObjectOutputStream(fo);
287             oos.writeObject(vuser);
288                //发送注册成功信息
289             JOptionPane.showMessageDialog(null,"用户"+regt.name+"注册成
290             功,"+"\n");
291             regtSuccess=true;
292             fo.close();
293             oos.close();
294           }
295        }
296        catch(ClassNotFoundException e){
297           JOptionPane.showMessageDialog(null,"找不到用户文件'users.dat'!");
```

```
298        }
299      catch(IOException e){
300         System.out.println(e);
301      }
302  }
303  public boolean regtSuced(){
304      return regtSuccess;
305  }
306  public void login(){
307    Vector vuser=new Vector();
308    try{
309       FileInputStream fi=new FileInputStream("users.user");
310       ObjectInputStream si=new ObjectInputStream(fi);
311       vuser=(Vector)si.readObject();
312       for(int i=0;i< vuser.size();i++){
313         Register regtmesg=(Register) vuser.elementAt(i);
314          if ( regtmesg.name.equals(login.name)){
315              if(!regtmesg.password.equals(login.password) ){
316                JOptionPane.showMessageDialog(null,"密码不正确,
317                请重新输入!","密码不正确提示",JOptionPane.OK_OPTION);
318                break;
319              }
320              else{
321                 loginSuccess=true;
322              }
323          }
324          else{
325            if(i==vuser.size()){
326                JOptionPane.showMessageDialog(null,"该用户名不存在,
327                请先注册!","该用户不存在提示",JOptionPane.OK_OPTION);
328            }
329            else{
330               continue;
331            }
332          }
333       }
334       fi.close();
335       si.close();
336     }
337     catch(Exception e){
338        JOptionPane.showMessageDialog(null,"找不到用户文件'users.user'!");
339     }
340  }
341  public boolean islogin(){
342     return loginSuccess;
343  }
344 }
```

```
345
346 class Register implements Serializable{
347        String name;
348        String password;
349        String sex;
350        String age;
351        String nclass;
352 }
353 class Login implements Serializable
354 {
355    private static final long serialVersionUID=1L;
356        String name;
357        String password;
358        public Login()
359        {
360        }
361 }
```

自 测 题

一、选择题

1. 下列数据流中,属于输入流的一项是(   )。
   A. 从内存流向硬盘的数据流   B. 从键盘流向内存的数据流
   C. 从键盘流向显示器的数据流   D. 从网络流向显示器的数据流

2. Java 语言提供的处理不同类型流的包是(   )。
   A. java.sql   B. java.util   C. java.math   D. java.io

3. 要从 file.txt 文件中读出 10 个字节并保存到变量 c 中,下列比较适合的方法是(   )。
   A. FileInputStream in=new FileInputStream("file.dat");int c=in.read();
   B. RandomAccessFile in=new RandomAccessFile("file.dat");in.skip(9);int c=in.readByte();
   C. FileInputStream in=new FileInputStream("file.dat");in.skip(9);int c=in.read();
   D. FileInputStream in=new FileInputStream("file.dat");in.skip(10);int c=in.read();

4. 下列流中使用了缓冲技术的是(   )。
   A. BufferedOutputStream   B. FileInputStream
   C. DataOutputStream   D. FileReader

5. 下列流中不属于字符流的是(   )。
   A. InputStreamReader   B. BufferedReader

     C. FilterReader   D. FileInputStream
  6. 能对读入字节数据进行 Java 基本数据类型判断过滤的类是（　　）。
     A. PrintStream   B. DataOutputStream
     C. DataInputStream   D. BufferedInputStream
  7. 使用可以实现在文件的任意位置读写一个记录的是（　　）。
     A. RandomAccessFile   B. FileReader
     C. FileWriter   D. FileInputStream
  8. 与 InputStream 流相对应的 Java 系统的标准输入对象是（　　）。
     A. System.in   B. System.out   C. System.err   D. System.exit()
  9. FileOutputStream 类的父类是（　　）。
     A. File   B. FileOutput   C. OutputStream   D. InputStream
  10. 不是抽象类的是（　　）。
      A. FileNameFilter   B. FileOutputStream
      C. OutputStream   D. Reader

二、填空题

  1. Java 的 I/O 流包括字节流、_____、_____、对象流和管道流。
  2. 根据流的方向划分，I/O 流包括_____和_____。
  3. FileInputStream 类实现对磁盘文件的读取操作，在读取字符时，它一般与_____和_____一起发挥作用。
  4. 使用 BufferedOutputStream 输出时，数据首先写入_____，直到写满才将数据写入_____。
  5. BufferedInputStream 进行输入操作时，首先按块读入_____，然后读操作直接访问缓冲区，该类是_____的直接子类。
  6. 流在传输过程中是_____行的。
  7. Java 系统的标准输出对象包括两个：分别是标准输出对象_____和标准错误输出_____。
  8. 向文件对象写入字节数据应该使用_____类，而向一个文件里写入文本应该使用_____类。
  9. PrintStream 类是_____流特有的类，实现了将 Java 基本数据类型转换为_____表示。
  10. InputStream 类是以_____输入流为数据源的_____。

任务 10　考试倒计时功能的实现

> **学习目标**
>
> （1）理解进程与线程的概念。
> （2）掌握线程创建的方法。
> （3）理解线程状态间的转换、优先级及调度的概念。
> （4）了解线程的同步在实际中的应用。

10.1　任务描述

本任务是设计考试倒计时功能。考试系统中的倒计时功能是必不可少的功能之一。当考生成功登录考试系统后，单击"开始考试"按钮，则计时系统开始倒计时。当考试时间结束时，系统将弹出相应的对话框进行提示并退出考试。利用 Java 线程技术可以实现时间的动态刷新和显示，从而可以实现时间的同步显示，如图 10-1 和图 10-2 所示。

图 10-1　倒计时开始计时

图 10-2　倒计时结束

10.2　相关知识

本任务主要使用了多线程技术。在传统的程序设计中，程序运行的顺序总是按照事先编制好的流程来执行，遇到 if-else 语句就加以判断；遇到 for、while 语句就重复执行相关语句。这种程序内部的一个程序控制流程为"线程"，编写的程序都是单线程运行的，也即在任意给定的时刻，只有一个单独的语句在执行。

多线程机制是指可以同时运行多个程序块，并行执行程序，使程序运行的效率变得更高。事实上,真正意义上的并行处理是在有多个处理器的情况下,同一时刻执行多个任务。在单处理器的情况下,多线程通过 CPU 时间片轮转进行调度和资源分配,使单个程序可以同时运行多个不同的线程,执行不同的任务。由于 CPU 处理数据的速度极快,操作系统能够在很短的时间内迅速在各线程间切换并执行,因此看上去所有线程在同一时刻几乎是同时运行的。

多线程是实现并发机制的一种有效手段。进程和线程一样,都是实现并发性的一个基本单位。相对于线程,进程是程序的一次动态执行过程,它对应着代码加载、执行以及执行完毕的一个完整过程,这个过程也是进程本身从产生、发展到消亡的过程,每一个进程的内部数据和状态都是完全独立的。

线程和进程的主要差别体现在以下两个方面。

(1) 同样作为基本的执行单元,线程的划分比进程小。

(2) 每个进程都有一段专用的内存区域。与此相反,线程却共享内存单元(包括代码和数据),通过共享的内存单元来实现数据交换、实时通信与必要的同步操作。

10.2.1 线程的创建

在 Java 程序中,线程是以线程对象表示的,在程序中一个线程对象代表了一个可以执行的程序片段。Java 中提供了两种创建线程的方法:扩展 Thread 类或实现 Runnable 接口,其中 Thread 类和 Runnable 接口都在 java.lang 包中有定义。

1. 扩展 Thread 类来创建线程

直接定义 Thread 类的子类,重写其中的 run()方法,通过创建该子类的对象就可以创建线程。Thread 类中包含创建线程的构造函数以及控制线程的相关方法,如表 10-1 所示。

表 10-1 Thread 类的构造函数及常用方法

构造函数及常用方法	功　　能
public Thread()	创建一个线程类对象
public Thread(String name)	创建一个指定名字的线程类对象
public Thread(Runnable target)	创建一个系统线程类的对象,该线程可以调用指定 Runnable 接口对象的 run()方法
public static Thread currentThread()	返回目前正在执行的线程
public void setName()	设定线程的名称
public String getName()	获得线程的名称
public void run()	包含线程运行时所执行的代码
public void start()	启动线程

创建和执行线程包括如下步骤。

(1) 创建一个 Thread 类的子类,该类重写 Thread 类的 run()方法。

```
Class 类名称 extend Thread         //从 Thread 类扩展出子类
{
    成员变量;
    成员方法;
    Public void run()              //重写 Thread 类的 run()方法
    {
        线程处理的代码
        …
    }
}
```

(2)创建该子类的对象,即创建一个新的线程。创建线程对象时会自动调用 Thread 类定义的相关构造函数。

(3)用创造函数创建新对象之后,这个对象中的有关数据会被初始化,从而进入线程的新建状态,直到调用了该对象的 strat()方法。

(4)线程对象开始运行,并自动调用相应的 run()方法。

【例 10-1】 新建线程。

源程序如下(ThreadDemo1.java):

```
1   class MyThread extends Thread {
2     public void run() {
3      for(int i=1;i<=10;i++)
4        System.out.println(this.getName()+":"+i);
5     }
6   }
7   public class ThreadDemo1{
8     public static void main(String[]args){
9         MyThread t=new MyThread();
10        t.start();
11    }
12  }
```

程序的运行结果如下:

```
Thread-0:1
Thread-0:2
Thread-0:3
Thread-0:4
Thread-0:5
Thread-0:6
Thread-0:7
Thread-0:8
Thread-0:9
Thread-0:10
```

【程序分析】

(1)第 1 行定义了 Thread 类的子类 MyThread。

(2)第 3~6 行循环 10 次输出当前的线程。

(3)第 9 行创建线程对象。

（4）第 10 行启动线程。

注意：从本例可以看到一个简单的定义线程的过程。在此要注意，run()方法是在线程启动后自动被系统调用的。如果显式地使用 t.run()语句，则 run()方法的调用将失去线程的功能。

其中 Thread-0 是默认的线程名，也可以通过 setName()为其命名。

从程序及运行结果看，似乎仅存在一个线程。事实上，当 Java 程序启动时，一个特殊的线程——主线程（main thread）就自动创建了，其主要功能是产生其他新的线程，以及完成各种关闭操作。从例 10-2 中可以看到主线程和其他线程共同运行的情况。

【例 10-2】 主线程和其他线程的共同运行。

源程序如下（ThreadDemo2.java）：

```
1  class MyThread extends Thread{
2    MyThread(String str){
3      super(str);
4    }
5    public void run(){
6      for(int i=1;i<=5;i++){
7        System.out.println(this.getName()+":"+i)
8      }
9    }
10 public class ThreadDemo2{
11   public static void main(String[ ]args){
12     MyThread t1=new MyThread("线程 1");
13     MyThread t2=new MyThread("线程 2");
14     t1 start();
15     t2 start();
16     for(int i=1;i<=5;i++){
17       System.out.println(Thread.currentThread().getName()+":"+i);
18     }
19   }
```

以下是两次随机的运行结果。

main:1	Main:1
线程 1:1	Main:2
线程 2:2	Main:3
线程 1:1	Main:4
main:2	Main:5
线程 1:3	线程 1:1
线程 2:2	线程 1:2
线程 2:3	线程 1:3
线程 2:4	线程 1:4
线程 1:4	线程 1:5
Main:3	线程 2:1
线程 1:5	线程 2:2
线程 2:5	线程 2:3
Main:4	线程 2:4
Main:5	线程 2:5

【程序分析】

（1）第 1 行定义 Thread 类的子类 MyThread。

（2）第 6~8 行循环 5 次来输出当前的线程。

（3）第 12、13 行创建线程对象 t1、t2。

（4）第 14、15 行启动线程 t1、t2。

（5）第 16~18 行循环 5 次来输出当前线程（main 主线程）。

2. 通过实现 Runnable 接口来创建线程

上述通过扩展 Thread 类创建线程的方法虽然简单，但是 Java 不支持多重继承，如果当前线程子类还需要继承其他多个类，此时必须通过接口。Java 提供了 Runnable 接口来完成创建线程的操作。在 Runnable 接口中，只包含一个抽象的 run()方法。

```
public interface Runnable {
    public abstract void run()
}
```

利用 Runnable 接口创建线程。首先定义一个实现 Runnable 接口的类，在该类中必须定义 run()方法的实现代码。

```
Class my Runnable implements Runnable
{
    ...
    Public void run()
    {
        //新建线程上执行的代码
    }
}
```

直接创建实现了 Runnable 接口的类的对象并不能生成线程对象，必须还要定义一个 Thread 对象，通过使用 Thread 类的构造函数去新建一个线程，并将实现 Runnable 接口的类的对象引用作为参数，传递给 Thread 类的构造函数，最后通过 start()方法来启动新建立的线程。

基本步骤如下：

```
MyRunnable r=new MyRunnable();
Thread t=new Thread(r);
t.start;
```

【例 10-3】 下面对例 10-2 进行改写，通过实现 Runnable 接口创建线程。

源程序如下（RunnerDemo.java）：

```
1    class MyRunner implements Runnable{
2      public void run(){
3        String s=Thread.currentThread().getName();
4        for(intI=1; i<=5;i++){
```

```
5         System.out.printin(s+" : "+i);
6     }
7   }
8   public class RunnerDemo{
9     public static void main (String[] args){
10      Myrunner r1=new MyRunner();
11      Thread t1=new Thread(r1,"线程 1");
12      Thread t2=new Thread(r2,"线程 2");
13      t1.start();
14      t2.start();
15      for(intI=1; I<=5; i++)
16      Symtem.out.println(Thread.currentThread().getName()+":"+i); }
17    }
18  }
```

程序的运行结果如下：

略,同例 10-2。

【程序分析】

(1) 第 1 行定义 MyRunner 类来实现 Runnable 接口。
(2) 第 10 行定义 MyRunner 对象 r1。
(3) 第 11 行和第 12 行创建线程对象 t1、t2,将 r1 作为参数传递给线程对象。
(4) 第 13、14 行启动线程 t1、t2。
(5) 第 15～17 行循环 5 次后输出当前的线程(main 主线程)。

10.2.2 线程的管理

1. 线程的状态

线程在它的生命周期中一般具有五种状态,即新建、就绪、运行、阻塞、死亡。线程的状态转换如图 10-3 所示。

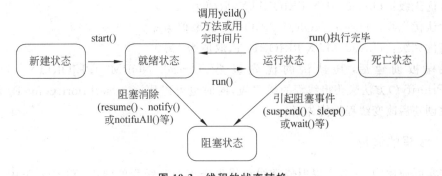

图 10-3 线程的状态转换

(1) 新建状态(new Thread)

在程序中用构造函数创建了一个线程对象后,新生的线程对象便处于新建状态,此时,该线程仅仅是一个空的线程对象,系统不为它分配相应资源,并且还处于不可运行状态。

(2) 就绪状态(Runnable)

新建线程对象后,调用该线程的 start()方法就可以启动线程。当线程启动时,线程进入就绪状态,此时,线程将进入线程队列中排队,等待 CPU 服务,这表明它已经具备了运行条件。

(3) 运行状态(Running)

当就绪状态的线程被调用并获得处理器资源时,线程进入运行状态。此时,自动调用该线程对象的 run()方法。run()方法中定义了该线程的操作和功能。

(4) 阻塞状态(Blocked)

一个正在执行的线程在某些特殊情况下会放弃 CPU 而暂时停止运行,如被人为挂起或需要执行耗时的输入/输出操作时,将让出 CPU 并暂时中止自己的执行,进入阻塞状态。在运行状态下,如果调用 sleep()、suspend()、wait()等方法,线程将进入阻塞状态。阻塞状态中的线程,Java 虚拟机不会为其分配 CPU,直到引起阻塞的原因被消除后,线程才可以转入就绪状态,从而有机会转到运行状态。

(5) 死亡状态(Dead)

线程调用 stop()方法时或 run()方法执行结束后,线程即处于死亡状态,结束了生命周期,处于死亡状态的线程不具有继续运行的能力。

2. 线程的优先级

在多线程的执行状态下,并不希望让系统随机分配时间片给一个线程,因为这样将导致程序运行结果的随机性。因此,在 Java 中提供了一个线程调度器来监控程序中启动后进入可运行状态的所有线程。线程调度器按照线程的优先级决定调度那些线程来执行,具有高优先级的线程会在较低优先级的线程之前执行。在 Java 中线程的优先级是用整数表示的,取值范围是 1~10,与 Thread 类的优先级相关的三个静态常量说明如下。

低优先级:Thread.MIN-PRIORITY,取值为 1。

默认优先级:Thread.NORM-PRIORITY,取值为 5。

高优先级:Thread.MAX-PRIORITY,取值为 10。

线程被创建后,其默认的优先级是 Thread.NORM_PRIORITY。可以用 intgetPriority()方法来获得线程的优先级,同时也可以用 void setPriority(int P)方法在线程被创建后改变线程的优先级。

3. 线程的调度

在实际应用中,一般不提倡依靠线程优先级来控制线程的状态,Thread 类中提供了关于线程调度控制的方法,如表 10-2 所示,使用这些方法可以将运行中的线程状态设置为阻塞或就绪,从而控制线程的执行。

表 10-2　线程调度控制的常用方法

线程调度控制的常用方法	功　　能
public static void sleep(long millis)	使目前正在执行的线程休眠 millis（毫秒）
public static void sleep(long millis,int nanos)	使目前正在执行的线程休眠 millis（毫秒）加上 nanos（微秒）
public void suspeng()	挂起所有该线程组内的线程
public void resume()	继续执行线程组中的所有线程
public static void yield()	将目前正在执行的线程暂停,允许其他线程执行

（1）线程的睡眠

线程的睡眠（sleep）是指运行中的线程暂时放弃 CPU,转到阻塞状态,通过调用 Thread 类的 sleep（）方法可以使线程在规定的时间内睡眠,在设置的时间内线程会自动醒来,这样便可暂缓线程的运行。线程在睡眠时若被中断,将会抛出一个 InterruptedException 异常,因此在使用 sleep（）方法时必须捕获 InterruptedException 异常。

【例 10-4】利用线程的 sleep（）方法实现了每隔一秒输出 0～9 这十个整数的功能。
源程序如下（SleepDemo.java）：

```
1   class SleepDemo extends Thread{
2     public void run(){
3       for(int i=0;i<10;i++){
4         System.out.println(i);
5         try{
6           Sleep(1000);
7         }catch(InterruptedException  e){ }
8       }
9     }
10    Public static void main(String args[]){
11      SleepDemo t=new SleepDemo();
12      t.start();
13    }
14  }
```

程序的运行结果如下：

0
1
2
3
4
5
6
7
8
9
10

【程序分析】
① 第 1 行定义线程 Thread 类的子类 SleepDemo。
② 第 4 行循环输出 i 值。
③ 第 5~7 行将当前线程休眠 1 分钟。
④ 第 11 行创建 SleepDemo 类的线程对象。
⑤ 第 12 行启动线程 t。
（2）线程的让步（yield）

与 sleep()方法相似，通过调用 Thread 类提供的 yield()方法可以暂停当前运行中的线程，使之转入就绪状态，只是不能由用户指定线程暂停时间的长短。同时它把执行的机会转给具有相同优先级别的线程，如果没有其他相同优先级别的可运行线程，则 yield()方法不做任何操作。

sleep()方法和 yield()方法都是使处于运行状态的线程放弃 CPU，两者区别如下：
- sleep()方法是将 CPU 出让给其他的任何线程，而 yield()方法只会给优先级更加高或同优先级的线程运行的机会。
- sleep()方法使当前运行的线程转到阻塞状态，在指定的时间内肯定不会执行；而 yield()方法将使运行的线程进入就绪状态，所以执行 yield()方法的线程有可能在就绪状态后马上又被执行。

【例 10-5】 yield()方法的应用。

源程序如下（YieldDemo.java）：

```
1    public classs YieldDEMO{
2      public static void main (String args){
3        MyThread t1=new My Thred("t1");
4        MyThread t2=new MyThread("t2");
5        T1.start();
6        T2.start();
7      }
8    }
9    class MyTherad extends Thread{
10     My Therad (String s){
11       super9(s)
12     }
13     public void run(){
14       for(int i=0;i<5;i++1){
15         System.out.println(getName()+":"+i);
16         if(i%2==0)
17           yield()
18       }
19     }
20   }
```

程序的运行结果如下：

t2:0

```
t1:0
t2:1
t1:1
t2:2
t1:2
t2:3
t1:3
t2:4
t1:4
```

【程序分析】

在例 10-5 的输出结果中,当线程输出的 i 值是偶数时,由于使用了 yield()语句,则下一次显示可能切换到其他线程。该方法与 sleep()方法类似,只是不能由用户指定暂停多长时间,因此也有可能马上执行线程。如果不用 yield()语句,则显示的结果是随机的。

(3) 线程的挂起与恢复(suspend 与 resume)

suspend()和 resume()这两个方法可以配套使用,suspend()方法使线程进入阻塞状态,并且不会自动恢复,必须调用与其对应的 resume()方法,才能使线程重新进入可执行状态。典型情况下,suspend()方法和 resume()方法被用在等待另一个线程产生结果的情形下:测试发现结果还没有产生时,让线程阻塞;另一个线程产生了结果后,调用 resume()方法使其恢复。但 suspend()方法很容易引起死锁问题,现在一般不推荐使用。

4. 线程的同步

在之前编写的多线程程序中,多个线程通常是独立运行的,各个线程具有自己的独占资源,而且异步执行,并且每个线程都包含运行时自己所需要的数据和方法,而不去关心其他线程的状态和行为。但是在有些情况下,多个线程需要共享同一资源,如果此时不去考虑线程之间的协调性,就可能造成运行结果的错误。例如,在银行对同一个账户存钱,一方存入了相应的金额,账户还未修改账户余额时,另一方也将一定金额存入该账户,就可能导致所返回的账户余额不正确。

【例 10-6】 模拟了夫妻双方分别对一张银行卡存款的过程。

源程序如下(ATMDemo.java):

```
1   class ATMDemo{
2     public static void main (String[] args){
3       BankAccount visacard=new BankAccount();
4       ATM 丈夫=new ATM("丈夫",visacard,200);
5       ATM 妻子=new ATM("妻子",visacard,300);
6       Thread t1=new Thread(丈夫);
7       Thread t2=new Thread(妻子);
8       System.out.println("当前账户余额为:"+visacard.Getmoney());
9        T1.start();
10       T2.start();
```

```
11    }
12  }
13  Class ATM implements Runnable{    //模拟ATM机或柜台存钱
14    Bank Account card;
15    String name;
16    Long m;
17    ATM (Sting n, Bank Account card, long m){
18      this . name=n;
19      this . card=card ;
20      this. m=m;
21    }
22    public void run (){
23      card .save(name ,m);              //调用Save()方法存钱
24      System.out.println(name+"存入"+m+"后,账户余额为"+card.get money());
25    }
26  }
27  class bank Account{
28    static long money=1000;             //设置账户中的初始金额
29    public void save(String s ,long m){  //存钱
30      System.Out. Println (s+"存入"+m);
31      long tmpe=money ;                 //获得当前账户的余额
32      try {                             //模拟存钱所花费的时间
33        Thread. currentThread().sleep (10);
34      }catch(interrupted exception e )  {}
35      money=tmpe+m;                     //相加之后再存回账户
36    }
37    public long get money (){           //获得当前账户的余额
38      return   money;
39    }
40  }
```

程序的运行结果如下：

当前账户余额为1000元
丈夫存入200元
妻子存入300元
妻子存入300元后,账户余额为1200元
丈夫存入200元后,账户余额为1200元

【程序分析】

在这个存款程序中,账户的初始余额为1000元,丈夫存入200元后,存款为1200元,而妻子存入300元后,账户余额理论上应该为1500元,但是结果却显示为1200元。

这个结果与实际不符,问题就出在当线程t1存钱后,通过程序的第28行语句获得当前账户余额为1000元后,立即调用sleep(10)方法,因此在还来不及对账户余额进行修改时,线程t2执行存钱操作,也通过程序中的第31行语句获得当前账户的余额,由于线程1未修改余额的值,因此线程2获得的余额仍为1000元,最后线程1和线程2分别继续执行时,均在各自获得余额数目的基础上加入存入的金额数。例10-6出错的原因在于,在

线程 t1 执行尚未结束时，money 被线程 t2 读取。

在 Java 中，为了保证多个线程对共享资源操作的一致性和完整性，引入了同步机制。所谓线程同步，即某个线程在一个完整操作的全执行过程中独享相关资源且使其不被侵占，从而避免了多个线程在某段时间内对同一资源的访问。

Java 可以通过对关键代码使用关键字 synchronized 来表明被同步的资源，也即给资源加"锁"，这个"锁"称为互斥锁。当某个资源被 synchronized 关键字修饰时，系统在运行时会分配给它一个互斥锁，表明该资源在同一时刻只能被一个线程访问。

实现同步的方法有两种。

方法一：利用同步方法来实现同步。

只需要将关键字 synchronized 放置于方法前修饰该方法即可，同步方法是利用互斥锁保证关键字 synchronized 所修饰的方法在被一个线程调用时，则其他试图调用同一实例中该方法的线程都必须等待，直到该方法被调用结束并释放互斥锁给下一个等待的线程。

对例 10-6 进行一些改动，将 synchronized 放置在 public void save(string s,long m) 方法之前，即：

public synchronized void save(string s,long m)

程序运行结果如下：

当前账户余额为：100 元
丈夫存入 200 元
妻子存入 300 元
丈夫存入 200 元后，账户余额为 1200 元
妻子存入 300 元后，账户余额为 1500 元

方法二：利用同步代码块来实现同步。

为了实现线程的同步，可以将对共享资源操作的代码块放入一个同步代码块中，同步代码块的语法形式如下：

```
返回类型 方法名(形参参数)
{
    Synchronized(object)
    {
        //关键代码
    }
}
```

同步代码块的方法也是利用互斥锁来实现对共享资源的有序操作，其中 object 是对需要同步的对象的引用，利用同步代码块对例 10-6 进行修改，运行结果同上。

```
public void save(string s,long m)
    Synchronized(this){
      Synchronized.out.println(s+"存入"+m);
      Long tmpe=money;
      try{
```

```
            Thread.currentThread().sleep(10);
        }catch(InterruptedException e){}
            money=tmpe+m;
    }
```

10.3 任务实施

将考试系统中的倒计时功能从原考试系统中分离出来,并做了部分修改,将其完善成为一个独立的应用系统。如图 10-4 所示,当单击"开始考试"按钮后,即使系统开始运行,如图 10-1 所示,在此期间可以单击"结束考试"终止计时。当考试时间结束,将弹出对话框进行提示,如图 10-2 所示,单击"确定"按钮将退出系统。

上述功能的实现代码见例 10-7。

图 10-4 倒计时界面

【例 10-7】 源程序如下(TestClock.java):

```
1    import java.text.NumberFormat;
2    import java.awt.event.*;
3    import javax.swing.*;
4    public class TestClock implements ActionListener{
5        JFrame jf;
6        JButton begin;
7        JButton end;
8        JButton pause;
9        JPanel p1;
10       JLabel clock;
11       ClockDispaly mt;
12       public testClock (){
13           jf=new JFrame("考试倒计时系统");
14           begin=new JButton("开始考试系统");
15           end=new JButton("结束考试");
16           p1=new JPanel();
17           jLabel clock=new JLabel();
18           clock.SetHorizontalAlignment(JLabel.CENTER);
19           p1.add(begin);
20           p1.add(end);
21           jf.add(p1,"North");
22           jf.add(clock,"Center");
23           jf.setSize(340,180);
24           jf.setLocation(500,300);
25           jf.setDefaultCloseOperation(JFrame.EXIT_ON_CLOSE);
```

```
26        jf.setVisible(ture);
27        mt=new ClockDispaly(clock,100);
28        begin.addActionListener(this);
29        end.addActionListener(this);
30    }
31      public static void main(String[]args){
32        new TestClock();
33      }
34      public void actionPerformed(ActionEvent e){
35        String s=e.getActionCommand();
36        if(s.equals("开始考试")){
37           begin.setEnbled(false);
38           mt.start();
39        }
40        else if(s.equals("结束考试")){
41          begin.setEnabled(false);
42          end.setEnabled(false);
43          pl.setEnabled(false);
44          mt.interrupt();
45          System.exit(0);
46        }
47      }
48 }
49 class ClockDispaly extends Thread{
50        private JLabel lefttimer;
51        private int texttime;
52        public ClockDispaly(JLabel It,int time){
53         lefttime=It;
54         testtime=time*60;
55        }
56   punlic vid run (){
57      NumberFormat f=Numberformat.get Instance();
58      f.setMinimumIntegerDigits(2);
59      int h ,m,s;
60      while(testtime>=0){
61        h=testtime/3600;
62        m=testtime %3600/60;
63        s=testtime%60;
64        StringBuffer sb=new StringBuffer('''');
65        sb.append("考试剩余时间:"+f.format(h)+":"+f.format(m)+":"+f.format(s));
66        lefttimer.setText(sb.toString());
67        try{
68          Thread.sleep(1000);
69        }catch(Exception ex) { }
70        testtime=testtime -1;
71      }
72      JOptionPane.showMessageDialog(null,"\t考试时间到,考试结束!");
```

```
73        System.exit(0);
74     }
75 }
```

【程序分析】

(1) 第 1 行和第 57 行的 NumberFormat 类是所有数字格式的抽象基类。此类提供了格式化和分析数字的接口。NumberFormat 类还提供了一些方法，用来确定哪些语言环境具有数字格式，以及它们的名称是什么。具体可以参见 Java API 文档。在本程序中是利用 NumberFormat 类提供的方法来控制时间格式的显示。

(2) 第 4 行定义 TestClock 类来实现 ActionListener 接口。

(3) 第 27 行设置考试时间为 100 分钟。

(4) 第 38 行启动倒计时线程。

(5) 第 44 行终止线程。

(6) 第 49 行定义 ClockDispaly 类（继承自 Thread 类），用于倒计时。

(7) 第 57 行返回当前默认语言环境的通用数字格式。

(8) 第 58 行返回整数部分允许显示的最小正整数位数。

(9) 第 61~63 行定义"时、分、秒"。

(10) 第 67~69 行进行每秒刷新时间的显示。

自 测 题

一、选择题

1. 下列关于 Java 线程的说法，正确的是（   ）。
   A. 每一个 Java 线程可以看成由代码、一个真实的 CPU 以及数据 3 部分组成
   B. 创建线程有两种方法，从 Thread 类中继承的创建方式可以防止出现多父类问题
   C. Thread 类属于 Java.util 程序包
   D. 以上说法都不正确

2. 可以对对象加互斥锁的是（   ）。
   A. transient   B. synchronized   C. serialize   D. static

3. 可用于创建一个可运行的类是（   ）。
   A. public class × implements Runable{public void run() {…}}
   B. public class × implements Thread{public void run(){…}}
   C. public class × implements Thread{public int run(){…}}
   D. public class × implements Runable{protected void run(){…}}

4. 不会直接引起线程停止执行的是（   ）。
   A. 从一个同步语句块中退出来

B. 调用一个对象的 wait()方法

C. 调用一个输入流对象的 read()方法

D. 调用一个线程对象的 setPriority()方法

5. 使当前线程进入阻塞状态直到被唤醒的方法是(　　)。

A. resume()　　　B. wait()　　　C. suspend()　　　D. notify()

6. 可以使线程从运行状态进入阻塞状态的是(　　)。

A. sleep()　　　B. wait()　　　C. yield()　　　D. start()

7. Java 中的线程模型包括(　　)。

A. 一个虚拟处理机　　　　　　　B. CPU 执行代码

C. 代码操作的数据　　　　　　　D. 以上都是

8. 关于线程组,以下说法错误的是(　　)。

A. 在应用程序中线程组可以独立存在,不一定要属于某个线程

B. 一个线程只能创建时设置其线程组

C. 线程组由 java.lang 包中的 Threadgroup 类实现

D. 线程组使一组线程可以作为一个对象来统一处理或维护

9. 以下不属于 Thread 类提供的线程控制方法是(　　)。

A. break()　　　B. sleep()　　　C. yield()　　　D. join()

10. 下列关于线程的说法正确的是(　　)。

A. 线程就是进程

B. 线程在操作系统出现后就产生了

C. UNIX 是支持线程的操作系统

D. 在单处理器和多处理器上多个线程不可以并发执行

二、填空题

1. 线程模型在 Java 中是由_____类进行定义和描述的。

2. 多线程是 Java 程序的_____机制,它能共享同步数据,处理不同事件。

3. Java 的线程调度策略是一种基于优先级_____。

4. 在 Java 中,新建的线程调用 start()方法,将使线程的状态从 new(新建状态)转换为_____。

5. 按照线程的模型,一个具体的线程是由虚拟的 CPU、代码与数据组成的,其中代码与数据构成了_____,相应的行为由它决定。

6. Thread 类的方法中,tostring()方法的作用是_____。

7. 线程是一个_____级的实体,线程结构驻留在用户空间中,

8. Thread 类中表示最高优先级的常量是_____,而表示最低优先级的常量是_____。

9. 若要获得一个线程的优先级,可以使用_____方法。若要修改一个线程的优先级,可以使用的方法是_____。线程的生命周期包括新建状态、_____、_____和终止状态。

10. 在 Java 语言中，临界区使用关键字_____标识。

三、拓展实践

1. 调试并修改以下程序，使其正确运行。

```
Class Ex12_1 extends Thread{
  Public static void main(string[] args){
    Ex11_1 t=new Ec11_1{}
      t.start();
      t.start();
  }
  Public void run(){
    System.out.println("test");
    Sleep(1000)
  }
}
```

2. 下列程序通过设定线程的优先级来抢占主线程的 CPU。选择正确的语句填入横线处。其中 t 是主线程；t1 是实现了 Runnable 接口的类的实例；t2 是创建的线程，通过设置优先级使 t1 抢占主线程 t 的 CPU。

```
class T1 implements Runnable{
  private boolean f=true;
  public void run(){
    while(f){
      System.out.println(Thread.currentThread().getName()+"num")
      try{
        ___代码1;___          //线程睡眠1秒
      }
      catch(Exceptoin e){
        ___代码2;___          //输出错误的追踪信息
      }
    }
  }
  public void stopRun(){
    f=false;
  }
}
public class Ex12_2{
  public sttic void main(String[] args) {
    ___代码3;___       //创建 t1,是实现了 Runnable 接口的类的实例
    Thread t2=new thread(t1,"T1");
      ___代码4;___     //创建 t 是为了实现主线程
      ___代码5;___     //设置主线程 t 的优先级为最低
```

```
            T2.Start();
            T1.stopRun();
            System.out.println("stop");
        }
}
```

3. 利用多线程的同步功能,模拟火车票的预订程序。对于编号为 20140730 的车票,创建两个订票系统中的订票过程,其中定义一个变量 tnum,设置的张数为 1,当该车票被预订后,tnum 的变量值为 0,通过 sleep()方法可以模拟网络的延迟。

任务 11　考试功能的实现

学习目标

(1) 掌握 JMenuBar、JMenu、JMenuItem 菜单的创建方法。
(2) 掌握菜单相关事件的处理方法。
(3) 了解 JToolBar 工具栏的使用方法。
(4) 了解 JScrollPane 滚动面板的使用方法。

11.1　任务描述

本部分的学习任务是设计考试功能模块。当考生输入正确的用户名和密码后,进入的是如图 11-1 所示的考试界面。其中菜单栏包括"工具""帮助""退出"三项。"工具"菜单中仅含一个"计算器"菜单项,"帮助"菜单下包括"版本"和"关于"菜单项。单击"退出"菜单,可以退出考试系统。

单击"开始考试"按钮,时钟开始倒计时,同时在界面上显示第一题,通过单击"上一题""下一题"按钮可以显示所有试题,如图 11-2 所示。若当前已经是最后一题,再单击"下一题"按钮,系统将显示提示信息,如图 11-3 所示。单击"提交试卷"按钮后,屏幕上将显示此次考试成绩,如图 11-4 所示。

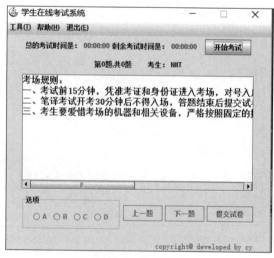

图 11-1　考试界面

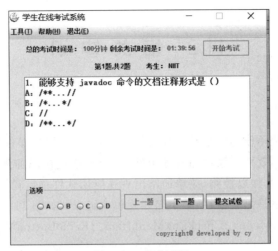

图 11-2　考试过程

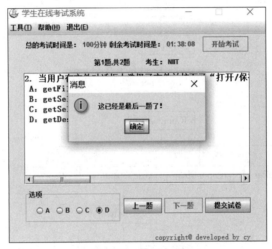

图 11-3　最后一题

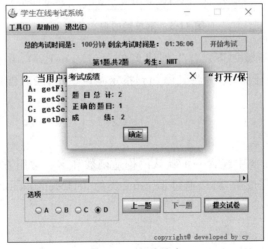

图 11-4　考试结束

11.2 相关知识

11.2.1 菜单

在实际应用中,菜单作为图形用户界面的常用组件,为用户操作软件提供了更大的便捷,有效地提高了工作效率。菜单与其他组件不同,无法直接添加到容器的某一位置,也无法用布局管理器对其加以控制,菜单通常出现在应用软件顶层窗口中。在 Java 应用程序中,一个完整的菜单是由菜单栏、菜单名和菜单项组成。如图 11-5 所示,Java 提供了五个实现菜单的类:JMenu、JCheckBoxMenuItem、JRadioButtonMenuItem、JMenuBar、JMenuItem。

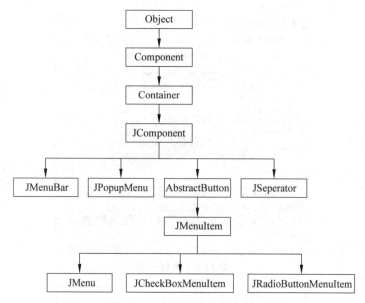

图 11-5 菜单类的层次结构

创建菜单的具体步骤如下:首先创建菜单栏(JMenuBar),并将其与指定主窗口关联;然后创建菜单以及子菜单,并将其添加到指定菜单栏中;最后创建菜单项,并将菜单项加入子菜单或菜单中。

1. 菜单栏

菜单栏 JMenuBar 类中包含一个默认的构造函数和多个常用方法,如表 11-1 所示。

菜单栏对象创建完成后,可以通过 JFrame 类的 setJMenuBar()方法将其添加到顶层窗口 JFrame 中。

```
JFrame fr=new JFrame()
JMenuBar bar=new JMenuBar()
```

```
//添加菜单栏到指定窗口中
fr.setJMenuBar(bar);
```

表 11-1　JMenuBar 类的构造函数及常用方法

构造函数及常用方法	功　　能
public JMenuBar()	创建 JMenuBar 对象
public JMenu add (JMenu m)	将 JMenu 对象 m 添加到 JMenuBar 中
public JMenu getMenu(int i)	取得指定位置的 JMenu 对象
public int getMenuCount()	取得 JMenuBar 中 JMenu 对象的总数
public void remove(int index)	删除指定位置的 JMenu 对象
public void remove(JMenu Component m)	删除 JMenuComponent 对象 m

2. 菜单

创建好菜单栏后,接着需创建菜单(JMenu 类)。JMenu 类的构造函数及常用方法如表 11-2 所示。

表 11-2　JMenu 类的构造函数及常用方法

构造函数及常用方法	功　　能
public JMenu()	创建 JMenu 对象
public JMenu(String name)	创建标题名为 name 的 JMenu 对象
public JMenuItem add(JMenuItem m)	将某个菜单项 m 追加到此菜单的末尾
public void add(String name)	添加标题为 name 的菜单项到 JMenu 中
public void addSeparator()	添加一条分隔线
public JMenuItem getItem(int index)	返回指定位置的 JMenuItem 对象
public int getItemCount()	返回目前的 JMenu 对象里 JMenuItem 的总数
public void insert(JMenuItem m,int index)	在 index 位置插入 JMenuItem 对象 m
public void insert(String name,int index)	在 index 位置增加标题为 name 的 JMenu 对象
public void insertSeparator(int index)	在 index 位置增加一行分隔线
public void remove(int index)	删除 index 位置的 JMenuItem 对象
public void remove()	删除 index 位置的 JMenuItem 对象
public void removeAll()	删除 JMenu 中所有的 JMenuItem 对象

例如,"文件""格式"的菜单定义的代码如下:

```
JMenu fileMenu=new JMenu("文件");
JMenu formatMenu=new JMenu("格式");
bar.add(fileMenu);
bar.add(formatMenu);
```

3. 菜单项

菜单项(JMenuItem 类)通常代表一个菜单命令,它直接继承自 AbstractButton 类,因而具有 AbstractButton 类的许多特性,与 JButton 类非常相似。表 11-3 列出了 JMenuItem 类的构造函数及常用方法。

表 11-3　JMenuItem 类的构造函数及常用方法

构造函数及常用方法	功　　能
public JMenuItem()	创建一个空的 JMenuItem 对象
public JMenuItem(String name)	创建标题为 name 的 JMenuItem 对象
public JMenuItem(Icon icon)	创建带有指定图标的 JMenuItem 对象
public JMenuItem(String text, Icon icon)	创建带有指定文本和图标的 JMenuItem 对象
public JMenuItem(String text, intmnemonic)	创建带有指定文本和键盘快捷键的 JMenuItem 对象
public String getLabel()	获得 JMenuItem 的标题
public Boolean isEnabled()	判断 JMenuItem 是否可以使用
public void setEnabled(Boolean b)	设置 JMenuItem 可以使用
public void setLabel(String label)	设置 JMenuItem 的标题为 label

例如,要创建"文件"菜单的"新建"和"退出"菜单项,代码如下:

```
JNenuItem newItem,exitItem;
newItem=new JMenuItem("新建")
exitItem=new JMenuItem("退出")
fileMenu.add(newItem)
fileMenu.add(exitItem)
```

(1) 分隔线、热键和快捷键

Java 通过提供分隔线、热键和快捷键等功能,为用户的操作带来了便利。分隔线通常用于对同一菜单下的菜单项进行分组,使菜单功能的显示更加清晰。JMenuItem 类中提供了 addSeparator() 方法来创建分隔线。

```
fileMenu=new JMenu();
fileMenu.add(newItem);
fileMenu.add(exitItem);
fileMenu.addSeparator();
```

热键显示为带有下划线的字母,JMenuItem 类中提供了 setMnemonic(String s)方法来创建热键。

例如,设置"文件"菜单项的热键为 F 的代码如下:

```
fileMenu=new JMenu("文件(F)");
fileMenu.setMnemonic(F);
```

设置格式菜单项的热键为字母 O 的代码如下:

```
fileMenu=new JMenu("格式(O)");
fileMenu.SetMnem('O');
```

快捷键为菜单项的组合键,JMenuItem 类中提供了 setAccelerator(KeyStroke.getKeyStroke(KeyEvent.VK_P, InputEvent.CTRL_MASK))方法来创建快捷键。

例如,设置"新建"菜单项的组合键为 Ctrl+N 的代码如下:

```
tewItem.setAccelerator(KeyStroke.getKeyStroke(KeyEvent.VK_N, InputEvent.
CTRL_MASK));
```

设置 Exit 菜单项的组合键为 Ctrl+E 的代码如下:

```
exitItm.setAccetlerator(KeyStroke.getKeyStroke(KeyEvent.VK_E, InputEvent.
CTRL_MASK));
```

(2) 单选按钮菜单项

菜单项的单选按钮是由 JRadioButtonMenuItem 类创建的,在菜单项中实现多选一的功能,单击某个单选按钮将会选择相应的选项。

例如,三种颜色单选按钮菜单的关键代码如下:

```
formatMenu=new JMenu();
String colors[]={"黑色","蓝色","红色"};
JMenuItem colorMenu=new JMenu ("颜色");
JRadioButtonMenuItem colorItems=new JRadioButtonMenuItem[colors.length]
ButtonGroup colorGroup=new ButtonGroup ()
for (int count=0; count<colors.Length ;count++);
{   colorItems[count]=new JRadioButtonMenuItem(colors[count]);
    colormenu.add (colorItems[count]);
    colorgroup.Add (coloritems[count]);
}
formatMenu.add (colorItems);
```

(3) 复选框菜单项

菜单项中的复选框是由 JCheckBoxMenuItem 类创建的,根据用户选择复选框菜单项的状态,复选框会变为选定或取消选定。

例如,为"字型"菜单添加"粗体"和"斜体"复选框菜单项的关键代码如下:

```
JMenu formatmenu=new JMenu()
JMenu fontmenu=new JMenu ("字型")
fontmenu .add (new JCheckBoxMenuItem("粗体"));
fontmenu.add (new JCheckBoxMenuIten("斜体"));
formatmenu.add (fontmenu);
```

11.2.2 菜单的事件处理

菜单的设计看似复杂,但它却只会触发最简单的事件——ActionEvent,因此当选择了某个 JMenuItem 类的对象时便触发了 ActionEvent 事件。

【例 11-1】 当用户选中"新建"菜单项时,系统将弹出"新建"对话框;选择"退出"菜单项时,系统将退出。

源程序如下(JMenuItemDemo.java):

```java
1   import java.awt.event.*;
2   import javax.swing.*;
3   public class JMenuDemo extends JFrame implements ActionListener{
4      private JMenuBar bar;
5      private JMenu fileMenu,formatMenu,colorMenu,fontMenu ;
6      private JMenuItem newItem,exitItem;
7      private JRadioButtonMenuItem colorItems[];
8      private JCheckBoxMenuItem styleItems[];
9      private ButtonGroup colorGroup;
10     public JMenuDemo(){
11       super("JMenu Demo");
12       fileMenu=new JMenu("文件(F)");
13       fileMenu.setMnemonic('F');
14       newItem=new JMenuItem("新建");
15       newItem.setAccelerator(KeyStroke.getKeyStroke(KeyEvent.VK_N,
16       InputEvent.CTRL_MASK));
17       newItem.addActionListener(this);
18       fileMenu.add(newItem);
19       exitItem=new JMenuItem("退出");
20       exitItem.setAccelerator(KeyStroke.getKeyStroke(KeyEvent.VK_E,
21       InputEvent.CTRL_MASK));
22       exitItem.addActionListener(this);
23       fileMenu.add(exitItem);
24       bar=new JMenuBar();
25       setJMenuBar(bar);
26       bar.add(fileMenu);
27       formatMenu=new JMenu("格式(O)");
28       formatMenu.setMnemonic('O');
29       String colors[]={"黑色","蓝色","红色"};
30       colorMenu=new JMenu("颜色");
31       colorItems=new JRadioButtonMenuItem[ colors.length ];
32       colorGroup=new ButtonGroup();
33       for(int count=0; count<colors.length; count++) {
34         colorItems[ count ]=newJRadioButtonMenuItem(colors[ count ]);
35         colorMenu.add(colorItems[ count ]);
36         colorGroup.add(colorItems[ count ]);
37       }
38       colorItems[0].setSelected(true);
39       formatMenu.add(colorMenu);
40       formatMenu.addSeparator();
41       fontMenu=new JMenu("字型");
42       String styleNames[]={"粗体","斜体"};
43       styleItems=new JCheckBoxMenuItem[ styleNames.length ];
44       for(int count=0; count<styleNames.length; count++) {
45         styleItems[ count ]=new JCheckBoxMenuItem(styleNames[count]);
46         fontMenu.add(styleItems[count]);
```

```
47     }
48     formatMenu.add(fontMenu);
49     bar.add(formatMenu);
50     setSize(300, 200);
51     setVisible(true);
52   }
53   publicvoid actionPerformed(ActionEvent event){
54     if(event.getSource()==newItem){
55       JOptionPane.showMessageDialog(null,"你选了"+newItem.getText()+
         "菜单项");}
56     if(event.getSource()==exitItem){
57       System.exit(0);}
58   }
59   publicstaticvoid main(String args[]){
60     new JMenuDemo();
61   }
62 }
```

程序的运行结果如图 11-6 所示。

图 11-6　菜单示例

【程序分析】

（1）第 3 行定义了 JMenuDemo 类，该类继承自 JFrameItem 类，并实现了 ActionListener 接口。

（2）第 13、26、29、41 行用于设置热键。

（3）第 15 行用于设置快捷键。

（4）第 16、20 行注册动作事件监听器。

（5）第 32～36 行创建单选按钮菜单项并添加到菜单中。

（6）第 44～47 行创建复选框菜单项并添加到菜单中。

（7）第 53 行实现对动作事件的处理。

11.2.3　工具栏

工具栏（JToolBar 类）继承自 JComponent 类，可以用来建立窗口的工具栏按钮，它也属于一组容器。在创建 JToolBar 对象后，就可以将 GUI 组件放置其中。

创建工具按钮的步骤如下：首先创建 JToolBar 组件，然后使用 add() 方法新增 GUI 组件，最后只需将 JToolBar 整体看成一个组件，并新增到顶层容器中即可。

【例 11-2】 工具栏应用案例。

源程序如下(JToolBarDemo.java)：

```java
import javax.swing.*;
import java.awt.*;
import java.awt.event.*;
public class JToolbar Demoextends JFrame implements ActionListener{
    private JButton red,green,yellow;
    private JToolBar toolBar;
    private Container c;
    public JToolbarDemo(){
        super("JToolBarDemo");
        c=this.getContentPane();
        c.setBackground(Color.white);
        toolBar=new JToolBar();
        red=new JButton("红色");
        red.addActionListener(this);
        green=new JButton("绿色");
        green.setToolTipText("绿色");
        green.addActionListener(this);
        yellow=new JButton("黄色");
        yellow.setToolTipText("黄色");
        yellow.addActionListener(this);
        toolBar.add(red);
        toolBar.add(green);
        toolBar.add(yellow);
        this.add(toolBar, BorderLayout.NORTH);
        this.setSize(250,200);
        this.setVisible(true);
    }
    public void actionPerformed(ActionEvent e){
        if(e.getSource()==red)
            c.setBackground(Color.red);
        if(e.getSource()==green)
            c.setBackground(Color.green);
        if(e.getSource()==yellow)
            c.setBackground(Color.yellow);
    }
    public static void main(String[] args){
        new JToolbarDemo();
    }
}
```

程序的运行结果如图 11-7 所示。

【程序分析】

(1) 第 11 行设置背景颜色是白色。
(2) 第 14、17、20 行注册动作事件监听器。
(3) 第 21～23 行将按钮添加到工具栏上。
(4) 第 28 行实现对动作事件的处理。

图 11-7　JToolBar 的运行效果

11.2.4　滚动面板

滚动面板(JScrollPane 类)是带有滚动条的面板,滚动面板可以看作一个特殊的容器,只可以向其添加一个组件。在默认情况下,只有当组件内容超出面板时,才会显示滚动条。

JTextArea 和 JList 等组件本身不带滚动条,如果需要,可以将其放到相应的滚动面板中。表 11-4 列出了 JScrollPane 类的构造函数。

表 11-4　JScrollPane 类的构造函数

构 造 函 数	功　　能
public JScrollPane()	创建一个空的 JScrollPane 对象
public JScrollPane(Component v)	创建一个新的 JScrollPane 对象,当组件内容大于显示区域时会自动产生滚动条
public JScrollPane(Component v, int vsbPolicy, int hsbPllicy)	创建一个新的 JScrollPane 对象,指定显示的组件,可使用一对滚动条
public JScrollPane(int vsbPolicy, int hsbPolicy)	创建一个具有一对滚动条的空 JScrollPane 对象

其中滚动条显示方式 vsbPolicy 和 hsbPolicy 的值可使用下面的静态常量来进行设置,这些参数已经在 ScrollPaneConstants 接口中进行了定义。

- HORIZONTAL-SCROLLBAR-ALAWAYS:显示水平滚动条。
- HORIZONTAL-SCROLLBAR-AS-NEEDED:当组件内容水平区域大于显示区域时出现水平滚动条。
- HORIZONTAL-SCROLLBAR-NEVER:不显示水平滚动条。
- VERTICAL-SCROLLBAR-ALWAYS:显示垂直滚动条。
- VERTICAL-SCROLLBAR-AS-NEEDED:当组件内容垂直区域大于显示区域时出现垂直滚动条。
- VERTICAL-SCROLLBAR-NEVER:不显示垂直滚动条。

【例 11-3】　在 JLabel 区域中显示图片,由于图片尺寸比 JLabel 区域大,因此可以通过定义一个 JScrollPane 容器,并利用滚动条来查看整幅图片。

源程序如下(JScrollpaneDemo.java):

```
1  import javax.swing.*;
2  publicclass JScrollpaneDemo extends JFrame{
```

```
3    JScrollPane scrollPane;
4    public JScrollpaneDemo(String title){
5      super(title);
6      JLabel label=new JLabel(new ImageIcon("D:/data/flower.jpg"));
7      scrollPane=new JScrollPane(label,JScrollPane.VERTICAL_SCROLLBAR_
8      ALWAYS,JScrollPane.9HORIZONTAL_SCROLLBAR_ALWAYS);
9      this.add(scrollPane);
10     this.setSize(350,300);
11     this.setVisible(true);
12   }
13   publicstaticvoid main(String[] args){
14      new JScrollpaneDemo("JScrollpaneDemo");
15   }
16 }
```

程序的运行结果如图 11-8 所示。

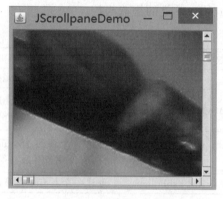

图 11-8　JScrollPane 示例程序的运行结果

【程序分析】

（1）第 6 行定义 JLabel 组件来显示图片。

（2）第 7 行创建滚动面板对象 scrollPane，显示水平和垂直滚动条，建立标签 label 和滚动面板的关联。

（3）第 10 行将滚动面板添加到当前窗口中。

11.3　任 务 实 施

【例 11-4】　实现考试模块中的主要功能。

源程序如下（Test_GUI.java）：

```
1  import java.awt.*;
2  import java.awt.event.*;
3  import java.io.*;
```

```java
4    import java.text.NumberFormat;
5    import java.util.Vector;
6    import javax.swing.*;
7    import javax.swing.border.Border;
8    import javax.swing.JOptionPane;
9    public class Test_GUI{
10       public static void main(String[]args){
11          new Test_GUI("NIIT");
12       }
13       public Test_GUI(String name){
14          TestFrame tf=new TestFrame(name);
15          tf.setDefaultCloseOperation(JFrame.EXIT_ON_CLOSE);
16          tf.setVisible(true);
17       }
18    }
19    //框架类
20    class TestFrame extends JFrame{
21       private static final long serialVersionUID=1L;
22       private Toolkit tool;
23       private JMenuBar mb;
24       private JMenu menutool,menuhelp,menuexit;
25       private JMenuItem calculator,edition,about;
26       private JDialog help;
27       public TestFrame(String name){
28          setTitle("学生在线考试系统");
29          tool=Toolkit.getDefaultToolkit();
30          Dimension ds=tool.getScreenSize();
31          int w=ds.width;
32          int h=ds.height;
33          setBounds((w-500)/2,(h-430)/2,500,450);
34          //设置窗体图标
35          image=tool.getImage(Test_GUI.class.getResource("D:\\java\\
36              icon\\tubiao.jpg"));
37          ImageIcon icon=new ImageIcon("D:\\java\\icon\\tubiao.jpg");
38          Image image=icon.getImage();
39          setIconImage(image);
40          setResizable(false);
41          //------------菜单条的设置---------------
42          mb=new JMenuBar();
43          setJMenuBar(mb);
44          menutool=new JMenu("工具(T)");
45          menuhelp=new JMenu("帮助(H)");
46          menuexit=new JMenu("退出(E)");
47          //设置助记符
48          menutool.setMnemonic('T');
49          menuhelp.setMnemonic('H');
50          menuexit.setMnemonic('E');
51          mb.add(menutool);
52          mb.add(menuhelp);
```

```java
53      mb.add(menuexit);
54      calculator=new JMenuItem("计算器(c)",'c');
55      edition=new JMenuItem("版本(E)",'E');
56      about=new JMenuItem("关于(A)",'A');
57      menutool.add(calculator);
58      menuhelp.add(edition);
59      //添加分隔线
60      menuhelp.add(about);
61      //设置快捷键
62      calculator.setAccelerator(KeyStroke.getKeyStroke(KeyEvent.VK_C,
        InputEvent.CTRL_MASK));
63      edition.setAccelerator(KeyStroke.getKeyStroke(KeyEvent.VK_E,
        InputEvent.CTRL_MASK));
64      about.setAccelerator(KeyStroke.getKeyStroke(KeyEvent.VK_A,
        InputEvent.CTRL_MASK));
65      BorderLayout bl=new BorderLayout();
66      setLayout(bl);
67      TestPanel tp=new TestPanel(name);
68      add(tp,BorderLayout.CENTER);
69      //-----------匿名内部类添加事件------------
70      calculator.addActionListener(new ActionListener(){
71          public void actionPerformed(ActionEvent arg0){
72              new Calculator();
73          }
74      });
75      edition.addActionListener(new ActionListener(){
76          public void actionPerformed(ActionEvent arg0){
77              JOptionPane.showMessageDialog(null,"单机版","版本信息",
            JOptionPane.PLAIN_MESSAGE);
78          }
79      });
80      about.addActionListener(new ActionListener(){
81          public void actionPerformed(ActionEvent arg0){
82              help=new JDialog(new JFrame());
83              JPanel panel=new JPanel();
84              JTextArea helparea=new JTextArea(14,25);
85              helparea.setText("本书以学生考试系统的项目开发贯穿始终");
86              helparea.setEditable(false);
87              JScrollPane sp=new JScrollPane(helparea);
88              panel.add(sp);
89              help.setTitle("帮助信息");
90              help.add(panel,"Center");
91              help.setBounds(350,200,300,300);
92              help.setVisible(true);
93          }
94      });
95      menuexit.addMouseListener(new MouseListener(){
96          public void mouseClicked(MouseEvent arg0){
```

```java
97          int temp=JOptionPane.showConfirmDialog(null,"您确认要退出
             系统吗?","确认对话框",JOptionPane.YES_NO_OPTION);
98          if(temp==JOptionPane.YES_OPTION){
99              System.exit(0);
100         }
101         else if(temp==JOptionPane.NO_OPTION){
102             return;
103         }
104     }
105     public void mouseEntered(MouseEvent arg0){}
106     public void mouseExited(MouseEvent arg0){}
107     public void mousePressed(MouseEvent arg0){}
108     public void mouseReleased(MouseEvent arg0){}
109     });
110 }
111 }
112 //容器类
113 class TestPanel extends JPanel implements ActionListener{
114     private JLabel totaltime,lefttime,ttimeshow,ltimeshow,
           textinfo,userinfo;
115     private JLabel copyright;
116     private JButton starttest,back,next,commit;
117     private JTextArea area;
118     private JRadioButton rbtna,rbtnb,rbtnc,rbtnd;
119     private String totaltimer="",lefttimer="",username="",select="";
120     private int current=0,total=0,score=0;
121     private Box box,box1,box2,box3,box4,box5;
122     private Testquestion[] question;
123     private ClockDisplay clock;
124     private int index=0;
125     private int time=0;
126     private InputStreamReader read;
127     private String[][] dis;
128     private File file;
129     public TestPanel(String name){
130         username=name;
131         totaltimer="00:00:00";
132         lefttimer="00:00:00";
133         totaltime=new JLabel("总的考试时间是: ");
134         lefttime=new JLabel("剩余考试时间是: ");
135         ttimeshow=new JLabel(totaltimer);
136         ttimeshow.setForeground(Color.RED);
137         ltimeshow=new JLabel(lefttimer);
138         ltimeshow.setForeground(Color.red);
139         textinfo=new JLabel("第"+current+"题"+",共"+total+"题");
140         userinfo=new JLabel("考生: "+username);
141         copyright=new JLabel();
142         copyright.setHorizontalAlignment(JLabel.RIGHT);
```

```java
143     copyright.setFont(new Font("宋体",Font.PLAIN,14));
144     copyright.setForeground(Color.gray);
145     copyright.setText("copyright@ developed by cy");
146     starttest=new JButton("开始考试");
147     back=new JButton("上一题");
148     next=new JButton("下一题");
149     back.setEnabled(false);
150     next.setEnabled(false);
151     commit=new JButton("提交试卷");
152     commit.setEnabled(false);
153     area=new JTextArea(10,10);
154     area.setFont(new Font("宋体",Font.BOLD,16));
155     area.setText("考场规则：\n"+"一、考试前15分钟,凭准考证和身份证进入考场,对号入座,将准考证和"+"身份证放在桌面右上角,便于监考人员检查。\n"+"二、考试开考30分钟后不得入场,答题结束后提交试卷后可以申请离场。\n"+"三、考生要爱惜考场的机器和相关设备,严格按照固定的操作说明进行操作,如有人为损坏,照价赔偿。");
156     JScrollPane sp=new JScrollPane(area);
157     area.setEditable(false);
158     rbtna=new JRadioButton("A");
159     rbtnb=new JRadioButton("B");
160     rbtnc=new JRadioButton("C");
161     rbtnd=new JRadioButton("D");
162     rbtna.setEnabled(false);
163     rbtnb.setEnabled(false);
164     rbtnc.setEnabled(false);
165     rbtnd.setEnabled(false);
166     ButtonGroup bg=new ButtonGroup();
167     bg.add(rbtna);
168     bg.add(rbtnb);
169     bg.add(rbtnc);
170     bg.add(rbtnd);
171     Border border=BorderFactory.createTitledBorder("选项");
172     JPanel panel=new JPanel();
173     panel.add(rbtna);
174     panel.add(rbtnb);
175     panel.add(rbtnc);
176     panel.add(rbtnd);
177     panel.setBorder(border);
178     box=Box.createVerticalBox();
179     box1=Box.createHorizontalBox();
180     box2=Box.createHorizontalBox();
181     box3=Box.createHorizontalBox();
182     box4=Box.createHorizontalBox();
183     box5=Box.createHorizontalBox();
184     new JDialog(new JFrame());
185     //注册监听事件
186     starttest.addActionListener(this);
```

```
187        back.addActionListener(this);
188        next.addActionListener(this);
189        commit.addActionListener(this);
190        rbtna.addActionListener(this);
191        rbtnb.addActionListener(this);
192        rbtnc.addActionListener(this);
193        rbtnd.addActionListener(this);
194        //添加组件,采用箱式布局
195        box1.add(totaltime);
196        box1.add(Box.createHorizontalStrut(5));
197        box1.add(ttimeshow);
198        box1.add(Box.createHorizontalStrut(5));
199        box1.add(lefttime);
200        box1.add(Box.createHorizontalStrut(5));
201        box1.add(ltimeshow);
202        box1.add(Box.createHorizontalStrut(15));
203        box1.add(starttest);
204        box2.add(textinfo);
205        box2.add(Box.createHorizontalStrut(30));
206        box2.add(userinfo);
207        box3.add(sp,BorderLayout.CENTER);
208        box4.add(panel);
209        box4.add(Box.createHorizontalStrut(5));
300        box4.add(back);
301        box4.add(Box.createHorizontalStrut(5));
302        box4.add(next);
303        box4.add(Box.createHorizontalStrut(5));
304        box4.add(commit);
305        box5.add(Box.createHorizontalStrut(250));
306        box5.add(copyright);
307        box.add(box1);
308        box.add(Box.createVerticalStrut(10));
309        box.add(box2);
310        box.add(Box.createVerticalStrut(10));
311        box.add(box3);
312        box.add(Box.createVerticalStrut(10));
313        box.add(box4);
314        box.add(Box.createVerticalStrut(20));
315        box.add(box5,BorderLayout.EAST);
316        add(box);}
317        public void display(){
318          area.setText("");
319          for(int i=0;i<5;i++)
320            area.append(dis[current-1][i]+"\n");
321        }
322        //从试题文件中读取考试时间
323        public void testTime(){
324          FileReader fr=null;
```

```
325        BufferedReader br=null;
326        String s="";
327        int i1,i2;
328        try{
329            JFileChooser jfc=new JFileChooser();
330            if(jfc.showOpenDialog(null)==
                   JFileChooser.APPROVE_OPTION){
331                file=jfc.getSelectedFile();
332                fr=new FileReader(file);
333                br=new BufferedReader(fr);
334                s=br.readLine();
335                i1=s.indexOf('@');
336                i2=s.indexOf('分');
337                s=s.substring(i1+1,i2);
338                time=Integer.parseInt(s);
339                fr.close();
340                br.close();}
341        }catch(IOException e){
342            e.printStackTrace();}
343        }
344        //从试题文件中读取试题
345          public void ReadTestquestion(){
346            try {
347                String encoding="GBK";
348                if(file.isFile() && file.exists()){  //判断文件是否存在
349                    InputStreamReader read=new InputStreamReader
350                      (new FileInputStream(file),encoding);      //考虑编码
                                                                     格式
351                    BufferedReader bufferedReader=new BufferedReader
                       (read);
352                    String lineTxt=null;
353                    lineTxt=bufferedReader.readLine();
354                    lineTxt=bufferedReader.readLine();
355                    current=1;
356                    String[] s=lineTxt.split(" ");
357                    total=s.length;
358                    textinfo.setText("第"+current+"题"+",共"+
                       total+"题");
359                    question=new Testquestion[total];
360                    dis=new String[total][5];
361                    for(int i=0;i<total;i++){
362                        question[i]=new Testquestion();
363                        question[i].setStandKey(s[i]);
364                        String temp=bufferedReader.readLine();
365                        if(temp.startsWith("*")){
366                            for(int j=0;j<5;j++){
367                                dis[i][j]=bufferedReader.readLine();
368                                question[i].setQuestion(dis[i][j]);
```

```java
369                         }
370                     }
371                 }
372                 display();
373             }else{
374                 System.out.println("找不到指定的文件");
375             }
376         } catch(Exception e) {
377             System.out.println("读取文件的内容出错");
378             e.printStackTrace();}
379     }
380     public void actionPerformed(ActionEvent e){
381         if(e.getSource()==starttest){
382             JOptionPane.showMessageDialog(null,"请选择考试文件 ","消息框",
                    JOptionPane.PLAIN_MESSAGE);
383             testTime();
384             ttimeshow.setText(time+"分钟");
385             ltimeshow.setText(time+"分钟");
386             current=1;
387             clock=new ClockDisplay(ltimeshow,time);
388             clock.start();
389             rbtna.setEnabled(true);
390             rbtnb.setEnabled(true);
391             rbtnc.setEnabled(true);
392             rbtnd.setEnabled(true);
393             next.setEnabled(true);
394             commit.setEnabled(true);
395             ReadTestquestion();
396         }
397             if(e.getSource()==back){
398                 next.setEnabled(true);
399                 current=current-1;
400                 if(current==1)
401                 back.setEnabled(false);
402                 display();
403             }
404             if(e.getSource()==next){
405                 current=current+1;
406                 back.setEnabled(true);
407                 display();
408                 if(current==total){
409                     next.setEnabled(false);
410                     JOptionPane.showMessageDialog(null,"这已经是最后一题
411                     了!");
412                 }
413             }
414             if(e.getSource()==commit){
415                 scorereport();
```

```java
            }
            if(e.getSource()==rbtna)
                question[current-1].setSelectedKey("A");
            if(e.getSource()==rbtnb)
                question[current-1].setSelectedKey("B");
            if(e.getSource()==rbtnc)
                question[current-1].setSelectedKey("C");
            if(e.getSource()==rbtnd)
                question[current-1].setSelectedKey("D");
    }
    //显示答题情况的方法
    public void scorereport(){
        int number=0;
        for(int i=0;i<total;i++){
            if(question[i].checkKey())
                {score=score+2;
                    number++;}
            }
        JOptionPane.showMessageDialog(null,"题目总计: "+
        total+"\n 正确的题目: "+number+"\n 成绩: "+score,"考试成
        绩",JOptionPane.PLAIN_MESSAGE);
    }
}
//读取试题类
class Testquestion{
    private String questionText;
    private String standardKey;
    private String selectedKey;
    public Testquestion(){
        questionText="";
        standardKey="";
        selectedKey="";
    }
    public String getQuestion(){
        return questionText;
    }
    public void setQuestion(String s){
        questionText=s;
    }
    public String getSelectedKey(){
        return selectedKey;
    }
    public void setSelectedKey(String s){
        selectedKey=s;
    }
    public void setStandKey(String s){
        standardKey=s;
    }
```

```java
        public String getStandKey(){
            return standardKey;
        }
        public boolean checkKey(){
            if(standardKey.equals(selectedKey)){
                return true;
            }
            return false;
        }
    }
    //考试计时类
    class ClockDisplay extends Thread{
        private JLabel lefttimer;
        private int testtime;
        public ClockDisplay(JLabel lt,int time){
            lefttimer=lt;
            testtime=time * 60;
        }
        public void run(){
            NumberFormat f=NumberFormat.getInstance();
            //返回整数部分允许显示的最小整数位数
            f.setMinimumIntegerDigits(2);
            int h,m,s;
            while(testtime>=0) {
                h=testtime /3600;
                m=testtime %3600/60;
                s=testtime %60;
                StringBuffer sb=new StringBuffer("");
                sb.append(f.format(h)+": "+f.format(m)+": "+
                    f.format(s));
                lefttimer.setText(sb.toString());
                try{
                    Thread.sleep(1000);
                }catch(Exception ex){}
                testtime=testtime-1;
            }
            JOptionPane.showMessageDialog(null,"\t考试时间到,
                结束考试!");
            System.exit(0);
        }
    }
    class Calculator extends JFrame implements ActionListener {
        private static final long serialVersionUID=
            -169068472193786457L;
        private class WindowCloser extends WindowAdapter {
            public void windowClosing(WindowEvent we) {
                System.exit(0);
            }
        }
```

```java
508     int i;
509     //数字或运算符号按键对应的字符串
510     private final String[] str={ "7", "8", "9", "/", "4", "5", "6", "*",
        "1", "2", "3", "-", ".", "0", "=", "+" };
511     //创建按键
512     JButton[] buttons=new JButton[str.length];
513     //针对取消或重置
514     JButton reset=new JButton("CE");
515     //创建显示结果的文本区域
516     JTextField display=new JTextField("0");
517
518     public Calculator() {
519         super("Calculator");
520         //添加一个面板
521         JPanel panel1=new JPanel(new GridLayout(4, 4));
522         //panel1.setLayout(new GridLayout(4,4));
523         for(i=0; i<str.length; i++) {
524             buttons[i]=new JButton(str[i]);
525             panel1.add(buttons[i]);
526         }
527         JPanel panel2=new JPanel(new BorderLayout());
528         //panel2.setLayout(new BorderLayout());
529         panel2.add("Center", display);
530         panel2.add("East", reset);
531         //JPanel panel3=new Panel();
532         getContentPane().setLayout(new BorderLayout());
533         getContentPane().add("North", panel2);
534         getContentPane().add("Center", panel1);
535         //为每个数字或操作符键添加动作监听器
536         for(i=0; i<str.length; i++)
537             buttons[i].addActionListener(this);
538         //为"重置"按钮添加监听器
539         reset.addActionListener(this);
540         //为"显示"按钮添加监听器
541         display.addActionListener(this);
542         //关闭按钮"×"
543         addWindowListener(new WindowCloser());
544         //初始化窗口大小
545         setSize(800, 800);
546         //显示窗口
547         //show(); //当JDK版本低于1.5时使用show()方法
548         setVisible(true);
549         //缩放窗口到指定大小
550         pack();
551     }
552     public void actionPerformed(ActionEvent e) {
553         Object target=e.getSource();
554         String label=e.getActionCommand();
```

```java
555        if(target==reset)
556            handleReset();
557        else if("0123456789.".indexOf(label)>0)
558            handleNumber(label);
559        else
560            handleOperator(label);
561    }
562    //如果按了第一个数字
563    boolean isFirstDigit=true;
564    public void handleNumber(String key) {
565        if(isFirstDigit)
566            display.setText(key);
567        else if((key.equals(".")) && (display.getText().indexOf(".")<0))
568            display.setText(display.getText()+".");
569        else if(!key.equals("."))
570            display.setText(display.getText()+key);
571        isFirstDigit=false;
572    }
573    /**
574     * 重置计算器
575     */
576    public void handleReset() {
577        display.setText("0");
578        isFirstDigit=true;
579        operator="=";
580    }
581    double number=0 0;
582    String operator="=";
583    /**
584     * 处理操作
585     * @param 参数的值为被按下的操作符的键值
586     */
587     public void handleOperator(String key) {
588        if(operator.equals("+"))
589            number+=Double.valueOf(display.getText());
590        else if(operator.equals("-"))
591            number -=Double.valueOf(display.getText());
592        else if(operator.equals("*"))
593            number *=Double.valueOf(display.getText());
594        else if(operator.equals("/"))
595            number /=Double.valueOf(display.getText());
596        else if(operator.equals("="))
597            number=Double.valueOf(display.getText());
598        display.setText(String.valueOf(number));
599        operator=key;
600        isFirstDigit=true;
601    }
602 }
```

程序运行结果如图 11-1 所示。

自 测 题

一、选择题

1. 使用（　　）方法可以将 JMenuBar 对象设置为主菜单。
   A. setHelpMenu()　　　　　　　　　　B. setJMenuBar()
   C. add()　　　　　　　　　　　　　　D. setHelpMenuLocation()
2. 用于构造弹出式菜单的 Java 类是（　　）。
   A. JMenuBar　　　B. JMenu　　　C. JMenuItem　　　D. JPopupMenu
3. 在 Java 中，有关菜单叙述错误的是（　　）。
   A. 下拉菜单通过出现在菜单条上的名字来进行可视化表示
   B. 菜单条通常出现在 JFrame 的顶部
   C. 菜单中的菜单项不能作为一个菜单
   D. 每个菜单可以有许多菜单项
4. JScrollPane 面板的滚动条通过移动（　　）对象来实现。
   A. JViewport　　　B. JSplitPane　　　C. JTabbedPane　　　D. JPanel
5. 不是用户界面组件容器的是（　　）。
   A. JApplet　　　B. JPanel　　　C. JScrollPane　　　D. JWindows

二、填空题

1. 直接添加到_____的菜单叫作顶层菜单，连接到_____的菜单称为子菜单。
2. JMenuItem 类中提供_____方法来创建分隔线。
3. 菜单项中的复选框是由_____类创建的，单选按钮是由_____类创建的。
4. 滚动面板 JSrollPane 是_____的面板，滚动面板可以看作_____，只可以添加一个组件。在默认情况下，只有当组件内容超出面板时，才会显示滚动条。
5. JToolBar 工具栏继承自_____类，可以用来建立窗口的工具栏按钮，它也属于一组容器。在组建 JToolBar 对象后，就可以将 GUI 组件放置其中。

任务 12 SQL Server 2008 数据库的安装及使用

> **学习目标**
>
> (1) 掌握 SQL Server 2008 的安装和配置,并熟悉相应的操作界面。
> (2) 熟悉数据库的设计步骤,掌握数据库表的设计方法。
> (3) 理解系统中插入、更新、删除及查找功能的实现方法。

12.1 任 务 描 述

SQL Server 是一个关系数据库管理系统。它最初是由 Microsoft、Sybase 和 Ashton-Tate 三家公司共同开发,于 1988 年推出了基于 OS/2 操作系统的第一个版本。在 Windows NT 推出后,Microsoft 公司与 Sybase 在 SQL Server 的开发上就分道扬镳了, Microsoft 将 SQL Server 移植到 Windows NT 系统上,专注于开发推广 SQL Server 的 Windows NT 版本。Sybase 则较专注于 SQL Server 在 UNIX 操作系统上的应用。

Microsoft SQL Server 2008 是一个重大的产品版本,它推出了许多新的特性和关键的改进,使它成为至今为止的最强大和最全面的 Microsoft SQL Server 版本。这篇文章详细介绍了 Microsoft SQL Server 2008 中新的特性、优点和功能。SQL Server 2008 在 Microsoft 的数据平台上发布,可以组织管理任何数据。可以将结构化、半结构化和非结构化文档的数据直接存储到数据库中。可以对数据进行查询、搜索、同步、报告和分析等的操作。数据可以存储在各种设备上,从数据中心最大的服务器一直到桌面计算机和移动设备,它都可以控制数据而不需知道数据存储在哪里。

Windows Server 2008 的主要版本有如下几种:Windows Server 2008 Standard Edition(标准版)、Windows Server 2008 Enterprise Edition(企业版)、Windows Server 2008 Datacenter Edition(数据中心版)、Windows Web Server 2008(Web 应用程序服务器)等。

12.2 相 关 知 识

12.2.1 SQL Server 2008 数据库的安装

(1) 启动安装程序。将 SQL Server 2008 的系统安装盘放入光驱,启动 SQL Server

2008 的安装界面,如图 12-1 所示。用户在"计划"页面中可以查看硬件和软件要求,安全文档以及联机发行说明等。

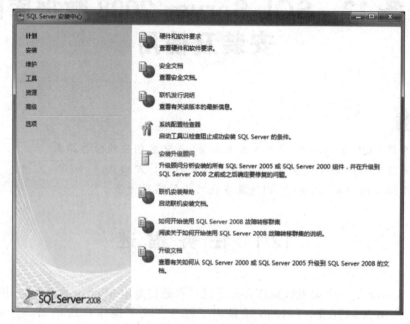

图 12-1　SQL Server 安装中心对应的"计划"页面

（2）单击安装窗口左侧的"安装"链接,打开如图 12-2 所示的"安装"页面,根据用户的需求选择安装类别,如全新安装、群集安装、群集节点安装和升级安装等,这里选择"全新安装"。

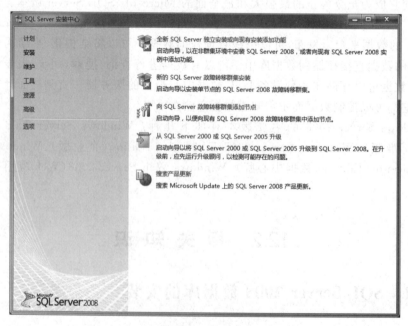

图 12-2　SQL Server 安装中心对应的"安装"页面

（3）系统首先安装程序支持规则，以便确定 SQL Server 安装程序支持文件时可能发生的问题，如图 12-3 所示。

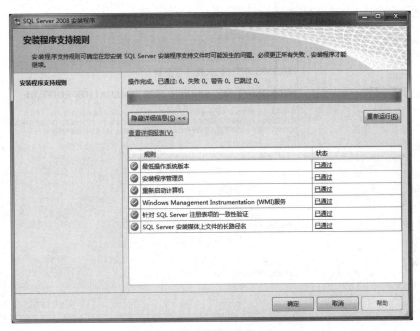

图 12-3 "安装程序支持规则"页面

（4）单击"确定"按钮，打开"产品密钥"页面，用户可以选择需要安装的 SQL Server 版本并输入产品密钥，若选择安装评估版，不用输入产品密钥，如图 12-4 所示。

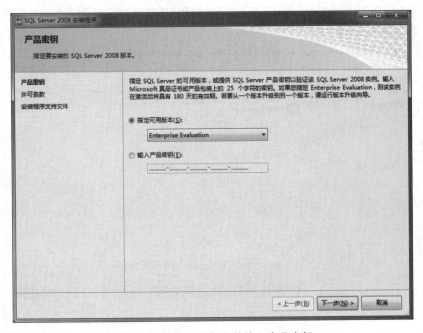

图 12-4 选择软件版本并输入产品密钥

(5)单击"下一步"按钮,选择"我接受许可条款"复选框,如图12-5所示。

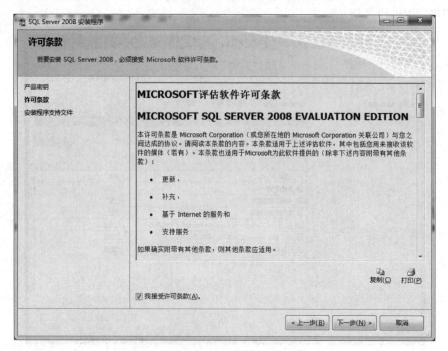

图12-5 同意许可条款

(6)单击"下一步"按钮,在出现的"安装程序支持文件"页面中单击"安装"按钮,如图12-6所示。

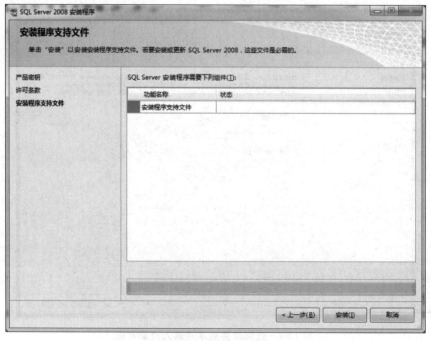

图12-6 安装程序支持文件

(7) 在随后出现的"安装程序支持规则"页面中单击"下一步"按钮,将出现如图 12-7 所示的页面,用户可以在此页面中选择需要的功能组件。

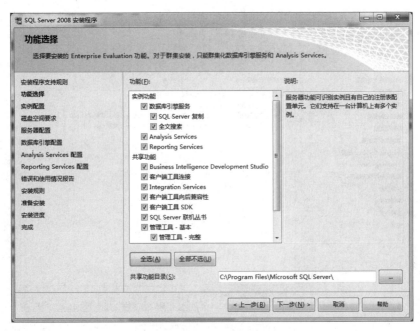

图 12-7 选择要安装的功能组件

(8) 单击"下一步"按钮,随后进入如图 12-8 所示的"实例配置"页面。如果首次安装,则选择"默认实例",否则选择"命名实例",并指定实例名和实例 ID。

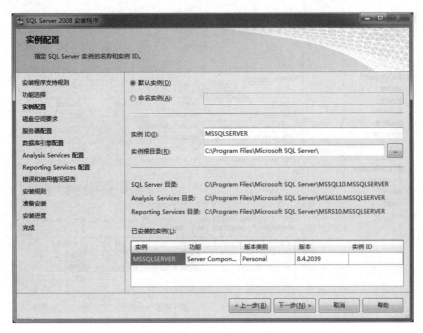

图 12-8 "实例配置"页面

(9) 单击"下一步"按钮后,计算磁盘空间是否满足安装要求,如图 12-9 所示,确认后,单击"下一步"按钮。

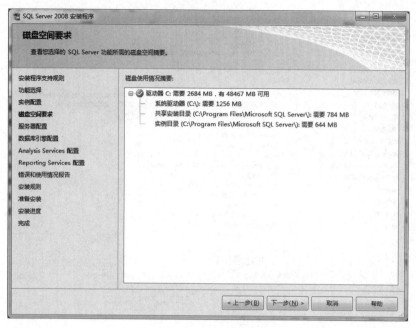

图 12-9 计算磁盘空间要求

(10)"服务器配置"页面如图 12-10 所示,页面中有"服务账户"和"排序规则"两个选项卡。在"服务账户"选项卡中,可以分别为各服务设置登录账户名、密码和启动类型。

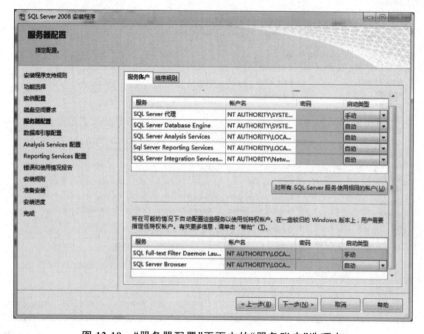

图 12-10 "服务器配置"页面中的"服务账户"选项卡

(11) 进入"数据库引擎配置"页面,如图 12-11 所示,在"账户设置"选项卡中选择身份验证模式,选择"混合模式"并输入密码,再指定 SQL Server 管理员。

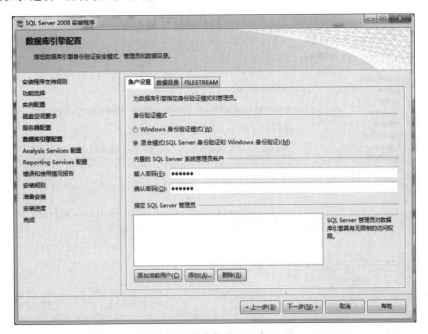

图 12-11 "数据库引擎配置"页面中的"账户设置"选项卡

(12) 单击"下一步"按钮,显示"分析服务配置"页面,如图 12-12 所示。在此可以指定分析服务的账户并为分析服务相关数据设置存储目录。

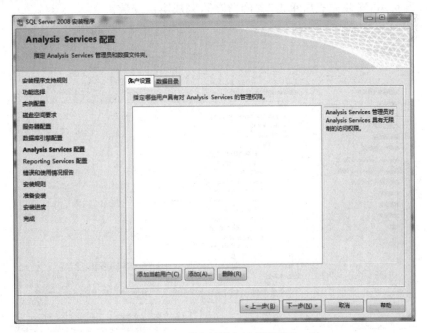

图 12-12 "分析服务配置"页面

（13）单击"下一步"按钮，进入"报表服务配置"页面，如图 12-13 所示。这里用户可以根据个人需求选择不同的安装模式，这里选择"安装本机模式默认配置"。

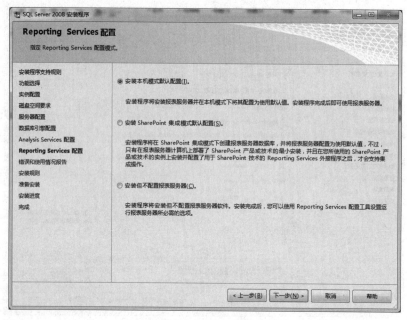

图 12-13　"报表服务配置"页面

（14）继续单击"下一步"按钮，将依次进入"错误和使用情况报告"和"安装规则"页面。再次单击"下一步"按钮进入"准备安装"页面，如图 12-14 所示。单击"安装"按钮，出现安装进度提示，安装完成后单击"关闭"按钮，完成本次安装。

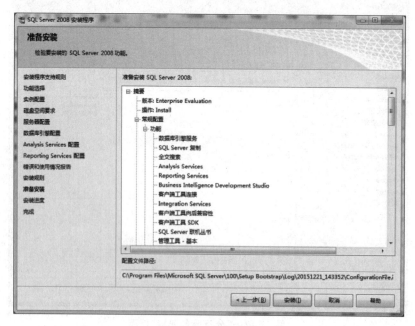

图 12-14　准备安装

12.2.2 SQL Server 2008 数据库的配置

SQL Server 数据库配置管理器(简称为配置管理器)包含 SQL Server 2008 服务、SQL Server 2008 网络配置和 SQL Native Client 配置 3 个工具,供数据库管理人员做服务器启动、停止与监控、服务器端支持的网络协议配置、用户访问 SQL Server 的网络相关设置等工作。

SQL Server 配置管理器(SQL Server Configuration Manager)是 SQL Server 2008 提供的一种配置工具,用于管理与 SQL Server 相关的服务、配置 SQL Server 使用的网络协议。

(1)选择"开始"→"所有程序"→SQL Server 2008→"配置工具"命令,启动 SQL Server 配置管理器,如图 12-15 所示。

(2)启动 SQL Server 配置管理器后,单击 SQL Server Configuration Manager 左侧窗格中"SQL Server 服务"选项,在右侧窗格中将显示 SQL Server 中的服务。右击需要设置的服务,在弹出的快捷菜单中根据需要选择"启动""停止""暂停""重新启动"选项,如图 12-16 所示。

图 12-15 启动 SQL Server 配置管理器

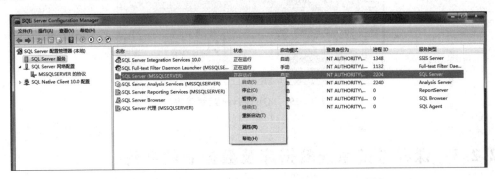

图 12-16 启动、停止、暂停和重新启动 SQL Server 服务

(3)在 SQL Server 2008 安装过程中已经对各种服务设置了账户名用于限制其权限,在实际的使用过程中,可以根据需要更改服务的权限,在右侧窗格中右击需要更改权限的服务,在弹出的快捷菜单中选择"属性"选项,打开服务属性对话框,如图 12-17 所示。

(4)在默认显示的"登录"选项卡中选择新的登录身份后,单击"确定"按钮,重新启动该服务后,设置即可生效。

(5)若需要更改服务的启动模式,可以在打开的服务属性对话框中选择"服务"选项卡,单击启动模式右侧的下拉按钮,选择新的启动模式后,单击"确定"按钮即可,如图 12-18 所示。

图 12-17 更改登录身份

图 12-18 更改服务的启动模式

(6) 另外可以展开 SQL Server Configuration Manager 左侧窗格中的"SQL Server 网络配置"选项,查看网络配置,如图 12-19 所示。

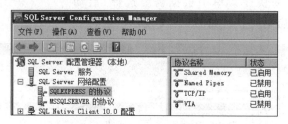
图 12-19 SQL Server 配置管理

12.2.3 课程考试系统数据库及数据表的创建

创建数据库包括创建数据库的名称、数据库的大小、数据存储方式、数据库存储路径、包含数据存储信息的文件名称等。

1. 数据库的名称

在数据库命名时应该尽量做到见名知意,在此将在线考试系统的数据库命名为 test。主数据库文件的名字为 test.mdf,事务日志文件名字为 test.ldf。

下面介绍创建 test 数据库的方法。

(1) 打开 SQL Server Management Studio 工具,连接到服务器后,在左侧窗格对象资源管理器中展开树形目录,右击"数据库",在快捷菜单中选择"新建数据库"命令,如图 12-20 所示。

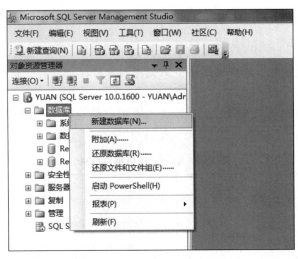

图 12-20 "新建数据库"命令

（2）打开的"新建数据库"对话框默认显示"常规"选项页面，如图 12-21 所示。在"数据库名称"右侧的文本框中填写数据库名称 test，同时自动生成同名称的主数据文件和日志文件名，"初始大小""自动增长"选项采用默认值。指定文件文件路径后单击"确定"按钮，完成数据库的创建。

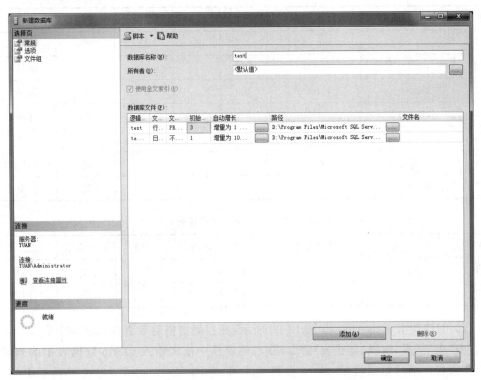

图 12-21 "新建数据库"对话框的"常规"选项页面

2. test 数据库所包含的表

在 SQL Server 2008 中,数据库是数据表、索引、视图、存储过程、触发器等数据库对象的集合,根据需要在数据库中创建这些数据库对象并添加内容。这些数据库对象中,数据表是最基本的单位。

(1) test 数据库中包含数据表 userin(注册用户信息)、test_tm(试题信息)和 test_time(考试用时)三个,表结构见表 12-1~表 12-3。

表 12-1   userin(注册用户信息)

序号	列 名	数据类型	长度	标识	主键	允许为空	说 明
1	id	int	4	是	是	否	编号
2	name	varchar	30			否	姓名
3	password	varchar	30			否	密码
4	sex	varchar	30			是	性别
5	age	int	4			是	年龄
6	nclass	varchar	30			是	班级

表 12-2   test_tm(试题信息)

序号	列 名	数据类型	长度	标识	主键	允许为空	说 明
1	id	int	4	是	是	否	编号
2	tm	varchar	200			否	题目
3	choice_a	varchar	100			是	选项 A
4	choice_b	varchar	100			是	选项 B
5	choice_c	varchar	100			是	选项 C
6	choice_d	varchar	100			是	选项 D
7	answer	varchar	10			是	答案

表 12-3   test_time(考试用时)

序号	列 名	数据类型	长度	标识	主键	允许为空	说 明
1	id	int	4	是	是	否	编号
2	time	int	4			是	用时

(2) 创建数据表 userin。如图 12-22 所示,在左侧窗格对象资源管理器中展开 test 节点,右击"表"节点,选择"新建表"命令,在右侧窗格中依次输入 userin 数据表中的列名称并为其选择正确的数据类型,将 id 设置为主键,如图 12-23 所示。单击工具栏中的"保存"按钮,输入数据表名称 userin 后,单击"确定"按钮,即可完成表的创建。数据表 test_tm 与 test_time 创建方式相同。

任务 12　SQL Server 2008 数据库的安装及使用

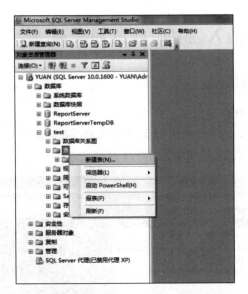

图 12-22　新建表

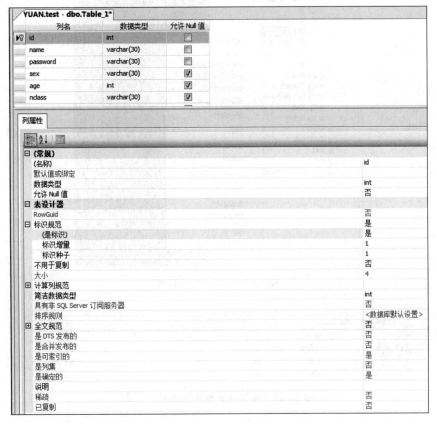

图 12-23　数据表 userin

12.2.4 数据的插入、删除、修改和查询

1. 向表中添加数据

(1) 通过界面向表中添加数据

右击 userin 表节点，在弹出的快捷菜单中选择"编辑前 200 行"命令，如图 12-24 所示。在界面中输入相关信息，结果如图 12-25 所示。

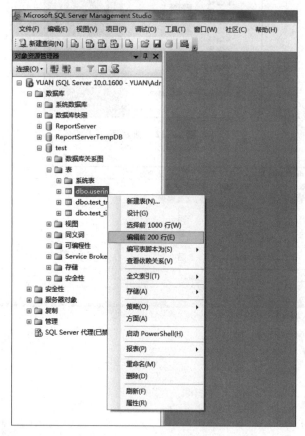

图 12-24　添加记录界面

id	name	password	sex	age	nclass
1	张春良	123	男	19	计算机1班
2	王丽	456	女	18	计算机2班
NULL	NULL	NULL	NULL	NULL	NULL

图 12-25　在 userin 表中添加相关记录

(2) 使用 INSERT 语句添加数据

SQL Server 使用 INSERT 语句向数据表中插入新的数据记录。一般有两种方式：

第一种是直接向表中插入记录,即单行记录的插入;第二种是向数据表中插入一个查询结果,即多行记录的插入。

INSERT 语句的语法格式如下:

```
INSERT [INTO] table_name {[(column_list)]{VALUES({expression}[,...n])}}
```

说明:
- INTO 是可选关键字,与 INSERT 一起使用。
- table_name 是将要接收数据的表或 table 变量的名称。
- column_list 是要在其中插入数据的一列或多列的列表。必须用圆括号将各个列表项括起来,并且用逗号进行分隔。
- VALUES 用于引入要插入的数据值的列表。对于 column_list(如果已指定)中或者表中的每个列,都必须有一个数据值。必须用圆括号将值列表括起来。如果 VALUES 列表中的值与表中列的顺序不相同,或者未包含表中所有列的值,那么必须使用 column_list 明确地指定了存储每个传入值的列。
- expression 可以是常量、变量或者表达式。若是表达式,则不能包含 SELECT 或 EXECUTE 语句。

【例 12-1】 使用 INSERT 语句向 userin 表中添加记录,姓名为李华,密码为 abc,性别为男,年龄为 20 岁,班级为商英 1 班。

单击工具栏中的"新建查询"按钮 ,打开 SQL"查询编辑器"窗口,在该窗口中输入以下代码。

```
USE test
GO
INSERT INTO  userin
VALUES('李华','abc','男',20,'商英 1 班')
GO
```

执行结果如图 12-26 所示。

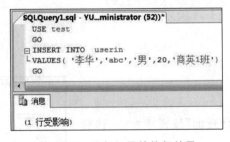

图 12-26　添加记录的执行结果

说明:
- Values 列表中的数据项数必须与表中的列数相同,顺序也要相同。
- Values 列表中的数据类型必须与表中的数据类型兼容。

【例 12-2】 向 userin 表中添加记录,姓名为赵刚,密码为 a12,性别为男,班级为商英

1班。

```
USE test
GO
INSERT INTO userin(name, password, sex, nclass)
VALUES('赵刚','a12','男','商英1班')
GO
```

说明：
- Values 列表中的数据的项数必须与圆括号中给定的列数相同，顺序也要相同。
- Values 列表中的数据类型必须与圆括号中列的数据类型兼容。

2. 查看数据表信息

（1）启动 SSMS，在"对象资源管理器"中展开 test 数据库节点，展开表节点，右击 userin 数据表，在弹出的快捷菜单中选择"选择前 1000 行"命令，此时可以看到 userin 数据表中的信息，如图 12-27 所示。

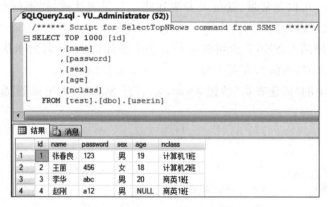

图 12-27　查看 userin 表的数据信息（1）

（2）在"查询编辑器"窗口中输入以下代码。

```
USE test
GO
SELECT *
FROM userin
GO
```

单击工具栏中的"执行查询"按钮 ，执行结果如图 12-28 所示。

3. 数据的修改

UPDATE 语句用来更新数据表中已经存在的数据，可以一次更新一行数据，也可以一次更新多行数据，甚至可以一次更新数据表中的所有数据。

图 12-28　查看 userin 表的数据信息（2）

UPDATE 语句的语法格式如下：

```
UPDATE table_name
SET {col_name={expression|DEFAULT|NULL}}
[,...n]
[FROM {<table_source>}[,...n]]
[WHERE<serarch_condition>]
```

说明：

- table_name 是要修改的表。
- SET 指明要修改的列或者变量的列表。
- col_name 是含有要修改数据的列。
- expression|DEFAULT|NULL 是列值表达式。
- table_source 是修改数据来源表。
- 若没有 WHERE 子句,则表示表中的所以记录都会被修改。

【例 12-3】 将 userin 表中男生的密码更改为 boy。代码如下：

```
USE test
GO
UPDATE userin
SET password='boy'
WHERE sex='男'
```

说明：如果没有 WHERE 子句,则修改全部记录的 password 列,此处仅修改性别为男的记录。

【例 12-4】 将 userin 表中班级"商英 1 班"更改为"商务英语"。代码如下：

```
USE test
GO
UPDATE userin
SET nclass='商务英语'
WHERE nclass='商英班'
```

4. 数据的删除

下面介绍如何使用 DELETE 语句删除数据。

从表中删除数据,最常用的是 DELETE 语句,DELETE 语句的语法格式为：

```
DELETE [FROM] table_name
[WHERE {<search_condition>}]
```

说明：

- table_name 是要删除记录的表名称。
- WHERE、search_condition 用于指明要删除行需要满足的条件,如果没有 WHERE 子句,那么将从指定的表中删除所有行。

【例 12-5】 删除副本 userin2 表中的所有记录。代码如下：

```
USE test
GO
--生成备份表 userin2
SELECT *
INTO userin2
FROM userin
GO
DELETEFROM userin2
GO
```

【例 12-6】 删除副本 userin3 表中年龄小于 19 岁的用户有记录。代码如下：

```
USE test
GO
--生成备份表 userin3
SELECT *
INTO userin3
FROM userin
GO
DELETEFROM userin3
WHERE age<19
GO
```

5. 数据查询

（1）SELECT 语句的基本语法格式

SELECT 语句比较复杂。下面是 SELECT 主要的语法格式：

```
SELECT select_list
[INTO new_table_name]
FROM table_list
[WHERE search_conditions]
[GROUP BY group_by_list]
[HAVING search_conditions]
[ORDER BY order_list[ASC|DESC]]
```

说明：

- SELECT select_list 用于描述结果集的列，它是表达式列表，各列表项用逗号隔开。
- INTO new_table_name 用于指定使用查询结果集来创建新表 new_table_name。
- FROM table_list 包含从中检索到结果集数据的表的列表，即结果集数据来自哪些表或视图。FROM 子句还有连接的定义。
- WHERE search_conditions 子句是一个筛选条件，它定义了源表中的行要满足 SELECT 语句的要求所必须达到的条件。
- GROUP BY group_by_list 子句用于根据 group_by_list 列中的值将结果集分成组。
- HAVING search_conditions 子句用于结果集的附加筛选。

- ORDER BY order_list [ASC | DESC]子句定义了结果集中行的排列顺序。order_list 指定组成排序列表的结果集的列。ASC 和 DESC 分别用于指定是升序还是降序,默认是升序。

(2) 输出数据表中的部分列

对 SELECT 查询结果集指定显示的列。

【例 12-7】 显示 userin 表中姓名、性别和班级。代码如下:

```
USE test
GO
SELECT name, sex, age
FROM userin
GO
```

说明:SELECT 子句中指明了三个字段:name、sex、age,则显示结果就只有这三个字段。运行结果如图 12-29 所示。

(3) 输出数据表中的所有列

输出表中的所有列,有两种方法:一种是使用表达式"*",此时将显示所有字段,且字段的显示顺序与表中字段的顺序一致;另一种是一一列举表中的所有字段,显示结果与字段的列举顺序一致。

图 12-29 输出表中的部分列

【例 12-8】 显示 userin 表中所有的字段。代码如下:

```
USE test
GO
SELECT *   --显示所有字段列,顺序与表 userin 中字段的顺序一致
FROM userin
GO
```

或者使用如下代码。

```
USE test
GO
SELECT ID,name, password, sex, age, nclass
FROM userin
GO
```

运行结果如图 12-30 所示。

(4) 选择表中的若干记录

① 消除取值重复的行。在 SELECT 语句的查询结果集中可能会产生一些重复的行,使用关键字 DISTINCT 可以消除那些重复的行。

【例 12-9】 在表 userin 中查询学生的班级。代码如下:

```
USE test
GO
SELECT *
```

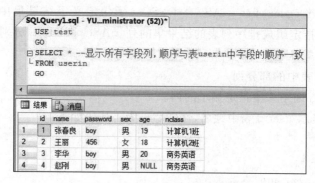

图 12-30　显示 userin 表中的所有字段

```
FROM userin
GO
```

说明：显示结果中包含重复的班级名称。运行结果如图 12-31 所示。

【例 12-10】　在表 userin 中查询学生的班级，要求重复的班级名称只显示一次。代码如下：

```
use test
go
select distinct nclass
from userin
go
```

运行结果如图 12-32 所示。

图 12-31　学生的班级名称

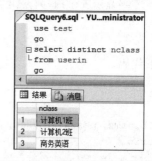

图 12-32　学生的班级名称（去掉重复值）

② 查询满足条件的记录。如果使查询满足条件的记录，可以在查询语句中使用 WHERE 子句。其中 WHERE 支持的搜索条件如下。

- 比较：=、>、<、>=、<=、<>。
- 范围：BETWEEN…AND…（在某个范围内）、NOT BETWEEN…AND…（不在某个范围内）。
- 列表：IN（在某个列表中）、NOT IN（不在某个列表中）。
- 字符串匹配：LIKE（和指定字符串匹配）、NOT LIKE（和指定字符串不匹配）。

- 空值判断:IS NULL(为空)、IS NOT NULL(不为空)。
- 组合条件:AND(与)、OR(或)。
- 取反:NOT。

【例 12-11】 在 userin 表中查询班级为"计算机 1 班"和"商务英语"的用户记录。

```
USE test
GO
SELECT *
FROM userin
WHERE nclass='计算机 1 班' OR nclass='商务英语'
GO
```

SQL 语句的运行结果如图 12-33 所示。

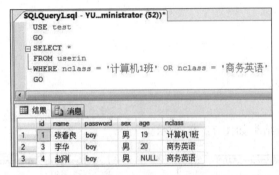

图 12-33 查询班级为"计算机 1 班"和"商务英语"的用户记录

【例 12-12】 在 userin 表中查询班级为"计算机"的用户记录。

```
USE test
GO
SELECT *
FROM userin
WHERE nclass LIKE '计算机%'
GO
```

说明:nclass LIKE '计算机%'表示 nclass 列中以"计算机"开头的记录,%表示任意字符。

SQL 语句的运行结果如图 12-34 所示。

③ 对查询结果进行排序。使用 ORDER BY 子句对查询结果进行重新排序,可以按升序(ASC)排序,也可以按降序(DESC)排序,系统默认按升序排序。

在 ORDER BY 子句中,根据需要可以对单列值进行排序,也可以对多列值进行排序。若对多列值进行排序,查询结果首先按第一列的值进行排序。如果第一列的值相同时,再按第

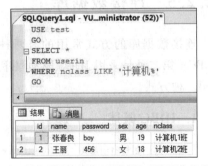

图 12-34 查询班级为"计算机"的用户记录

二列的值进行排序,以此类推。

【例 12-13】 在 userin 表中查询用户信息,按照"年龄"升序进行排序。代码如下:

```
USE test
GO
SELECT *
FROM userin
ORDER BY age
GO
```

说明:不指定排序方式,默认按升序排序。

SQL 语句的运行结果如图 12-35 所示。

【例 12-14】 在 userin 表中查询用户信息,按照"姓名"降序进行排序。代码如下:

```
USE TEST
GO
SELECT *
FROM userin
ORDER BY name DESC
GO
```

SQL 语句的运行结果如图 12-36 所示。

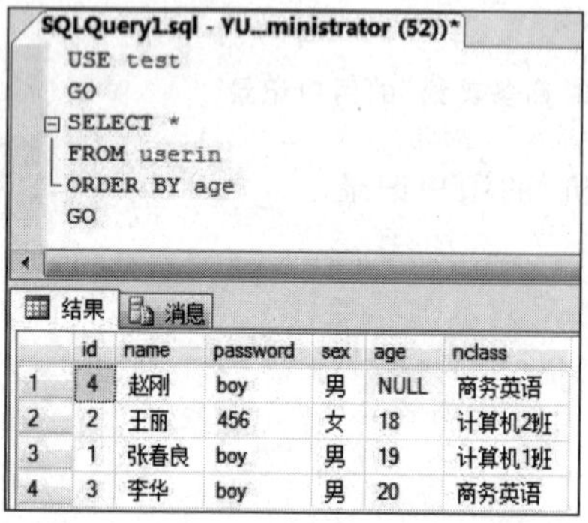

图 12-35 按照"年龄"升序进行排序

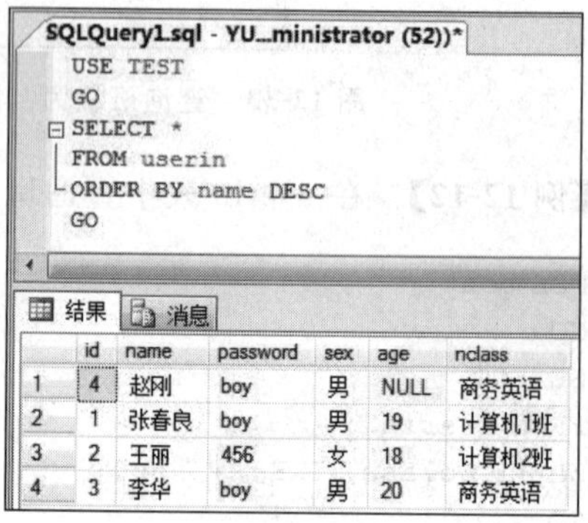

图 12-36 按照"姓名"降序进行排序

12.2.5 连接数据库

连接数据库的方式常用的有两种:第一种是使用 JDBC-ODBC 桥连接,需要配置 ODBC。第二种是采用 JDBC 驱动程序连接,需要下载、配置数据库的驱动程序。本书采用第二种方式。

1. JDBC 概述

JDBC(Java Database Connectivity,Java 数据库连接)是 Java 语言为了支持 SQL 功能而提供的与数据库相连的用户接口(Java API),是由一组 Java 语言编写的类和接口组成的。JDBC 为数据库开发人员提供了一个标准的 API。JDBC 是建立在 ODBC 的基础上的，实际上可视为 ODBC 的 Java 语言翻译形式，在使用上更为方便。有了 JDBC，向各种关系数据发送 SQL 语句就是一件很容易的事，就不必为访问 Sybase 数据库而专门写一个程序，为访问 Oracle 数据库又专门写一个程序，或为访问 Informix 数据库又编写另一个程序等，程序员只需用 JDBC API 写一个程序就够了，它可向相应数据库发送 SQL 调用。同时，将 Java 语言和 JDBC 结合起来，使程序员不必为不同的平台编写不同的应用程序，只需写一遍程序就可以让它在任何平台上运行，这也体现了 Java 语言的"一次编写，到处运行"的优势。

1) JDBC API

简单地说，JDBC 可做三件事：与数据库建立连接、发送操作数据库的语句并处理结果。实现这些功能需要使用 Java API，JDBC API 是个"低级"接口，也就是说，它用于直接调用 SQL 命令。

实现这三个功能的接口都保存在 Java 的 SQL 包中，它们的名称和基本功能如下：

- java.sql.DriverMagnager：管理驱动器，支持驱动器与数据库连接的创建。
- java.sql.Connection：代表与某一数据库的连接，支持 SQL 声明的创建。
- java.sql.Statement：在连接中执行一静态的 SQL 声明并取得执行结果。
- java.sql.PrepareStatement：Statement 的子类，代表预编译的 SQL 声明。
- java.sql.ResultSet：代表执行 SQL 声明后产生的数据结果。

下列代码段给出了 JDBC 可做的三件事的基本示例。

```
Connection con=DriverManager.getConnection("jdbc:odbc:wombat","login",
"password");
Statement stmt=con.createStatement();
ResultSet rs=stmt.executeQuery("SELECT a, b, c FROM Table1");
while(rs.next()) {
    int x=rs.getInt("a");
    String s=rs.getString("b");
    float f=rs.getFloat("c");
}
```

2) JDBC 体系结构

Java 程序员通过 SQL 包中定义的一系列抽象类对数据库进行操作，而实现这些抽象类并完成实际操作，则是由数据库驱动器实现的。

JDBC 的驱动器(Driver)可分为以下四种类型。

(1) JDBC-ODBC 桥驱动

JDBC-ODBC 桥驱动是 Sun 公司提供的一种标准的 JDBC 操作。这种类型的驱动实际是把所有 JDBC 的调用传递给 ODBC，再由 ODBC 调用本地数据库驱动代码，并通过 ODBC 驱动程序提供数据库连接。要使用这种驱动程序，要求每一台客户机都装入 ODBC 驱动程序。其缺点是操作性能较低，通常情况下不推荐使用这种方式进行操作。

(2) JDBC 本地驱动

本地 API 驱动直接把 JDBC 调用转变为数据库的标准调用后再去访问数据库。这种方法直接使用各个数据库生产商提供的 JDBC 驱动程序,其中 JDBC 驱动程序本身是一组类和接口,以.jar 包或.zip 包的形式出现,使用时需要进行相关配置。在开发中大部分情况下都使用此模式访问数据库。

(3) JDBC 网络驱动

此驱动将 JDBC 指令转化成独立于 DBMS 的网络协议形式,再由服务器转化为特定 DBMS 的协议形式。有关 DBMS 的协议由各数据库厂商决定。此驱动可以连接到不同的数据库上,非常灵活。

(4) 本地协议纯 JDBC 驱动

此驱动是将 JDBC 指令转化成网络协议后就不再转换,并由 DBMS 直接使用。相当于客户机直接与服务器联系,是 Internet 访问的一个很实用的解决方法。

以上四种驱动中,后两类的驱动效率更高,也更具有通用性。但目前第一、第二类驱动比较容易获得,使用比较普遍。本书将选用第二种类型,即 JDBC 本地驱动。

2. 在 MyEclipse 中连接数据库

连接数据库的方式常用的有两种:一种是使用 JDBC-ODBC 桥连接,需要配置 ODBC。第二种是采用 JDBC 驱动程序连接,需要下载、配置数据库的驱动程序。本书只介绍第二种数据库连接方式。

1) 连接数据库

(1) 修改 SQL Server 2008 的配置。

首先要确保 SQL Server 数据库的登录方式是"混合验证模式"。数据库登录模式至少是"Windows 身份验证模式",如图 12-37 所示。

图 12-37 登录数据库

数据库连接成功,就会在对象资源管理器中出现如图 12-38 所示的界面。

(2) 依次打开"安全性"→"登录名"节点,如图 12-39 所示。右击"登录名",选择"新建登录名"命令,会出现"登录名-新建"对话框,如图 12-40 所示。

图 12-38　对象资源管理器

图 12-39　SQL Server 的安全设置界面

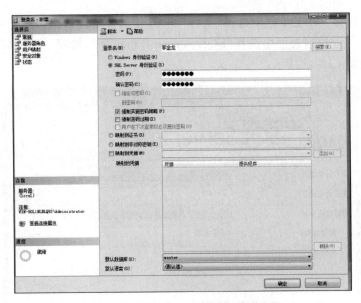

图 12-40　SQL Server 安全属性的设置

(3) 在"选择页"一栏中选择"常规"选项,在界面右侧填写"登录名",选择"SQL Server 身份验证",填写"密码",取消选中"强制密码过期"选项,如图 12-40 所示。

(4) 在"选择页"一栏中选择"服务器角色"选项,在右侧默认选择 public,相当于游客,只有登录数据库的权限。再选择 sysadmin,给角色管理员提供访问权限,单击"确定"按钮,如图 12-41 所示。

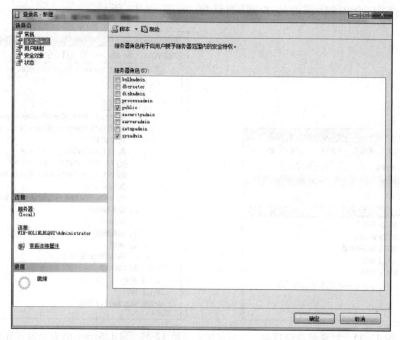

图 12-41　服务器角色的设置

（5）进行连接。在菜单栏中选择"文件"→"连接对象资源管理器",然后在打开对话框的"身份验证"下拉列表框中选择"SQL Server 身份验证",填写"登录名""密码",单击"连接"按钮,如图 12-42 所示。

图 12-42　使用新登录名登录

此时在对象资源管理器中又多显示出一些内容,表示连接成功,如图 12-43 所示。

任务 12　SQL Server 2008数据库的安装及使用

图 12-43　登录成功

（6）在新建用户对应的数据库节点下建立数据库 Text，在该数据库下建立 Patient 表，加入四条记录，如图 12-44 所示。

图 12-44　创建数据库

（7）下载驱动程序 Microsoft SQL Server JDBC Driver 3.0 http：//www.microsoft.com/downloads/zh-cn/details.aspx？familyid＝A737000D-68D0-4531-B65D-DA0F2A735707&displaylang=zh-cn，Windows 系统中选择下载前两项。需要先下载第一项（协议文件），同意相关约定之后才有权限下载第二项（驱动程序），如图 12-45 所示。

（8）安装驱动程序。单击 Browse 按钮，选择安装目录，再单击 Unzip 按钮，如图 12-46 所示。

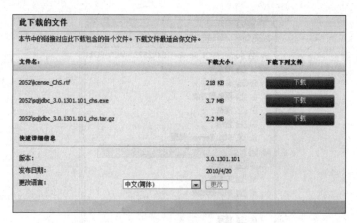

图 12-45　驱动程序下载页面

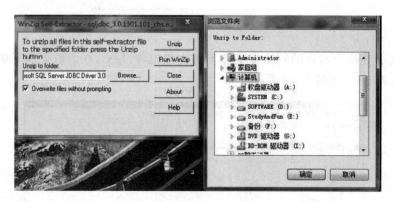

图 12-46　安装驱动程序

本书将驱动程序安装在 D:\Static\Study\SQL Server JDBC Driver 3.0 目录下。

（9）查看驱动程序。打开 sqljdbc_3.0\chs 文件夹，会看到如图 12-47 所示的界面，其中 sqljdbc4.jar 就是需要的驱动程序。

图 12-47　查看驱动程序

双击 sqljdbc4.jar，将其解压缩后打开，会看到三个子文件夹。先打开 META-INF 文件夹下的 services 子文件夹，会看到一个 Driver 文件，如图 12-48 所示。

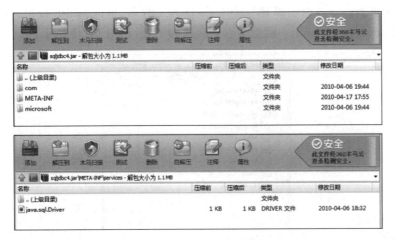

图 12-48　解压缩驱动程序

用 UltraEdit 编辑器打开此驱动程序文件，会看到一行字符串，可以将其解释成"驱动程序主类是 com\microsoft\sqlserver\jdbc 文件夹下的 SQLServerDriver.class 文件"，如图 12-49 所示。

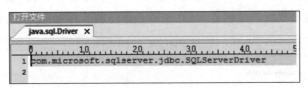

图 12-49　驱动程序主类的路径

按路径打开，就会找到驱动程序的主类，如图 12-50 所示，主类名称为 SQLServerDriver.class。

图 12-50　显示驱动程序的主类

（10）编辑 Java 源文件。新建一个工程，输入工程名，单击 Finish 按钮。在 MyEclipse 工作界面 Package Explorer 一栏就会看到新建的工程，如图 12-51 所示。

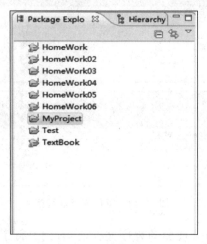

图 12-51　新建工程

右击工程并选择 New→Class 命令，输入源程序的主类名，设置相关信息，再单击 Finish 按钮。接着出现新的编辑界面，在编辑界面下将程序补充完整，如图 12-52 所示。

```
package lesson;
import java.sql.*;
public class Lesson
{
    public static Connection con ;
    public static void main(String[] args)
    {
        try
        {
            Class.forName("com.microsoft.sqlserver.jdbc.SQLServerDriver");
            System.out.println("加载驱动成功");
            con = DriverManager.getConnection
            ("jdbc:sqlserver://localhost:1433;DatabaseName=Text","李金龙","lt11235");
            System.out.print("连接成功");
            con.close();//测试结束，释放系统资源。
        }
        catch (Exception ex)
        {
            System.out.println("连接失败");
            ex.printStackTrace();
        }
    }
}
```

图 12-52　程序编辑界面

最后保存并运行程序，结果失败了，原因是找不到驱动程序，如图 12-53 所示。

```
<terminated> Lesson [Java Application] D:\Static\Study\MyEclipse\Common\binary\com.sun.java.jdk.win32.x86_1.6.0.013\bin\javaw.exe (2011-11-5 上午11:53:19)
连接失败
java.lang.ClassNotFoundException: com.microsoft.sqlserver.jdbc.SQLServerDriver
    at java.net.URLClassLoader$1.run(URLClassLoader.java:200)
    at java.security.AccessController.doPrivileged(Native Method)
    at java.net.URLClassLoader.findClass(URLClassLoader.java:188)
    at java.lang.ClassLoader.loadClass(ClassLoader.java:307)
    at sun.misc.Launcher$AppClassLoader.loadClass(Launcher.java:301)
```

图 12-53　程序运行失败

(11) 在驱动程序安装目录下复制 sqljdbc4.jar 文件夹,将其粘贴到新建的工程的 bin 子文件夹下,并解压缩,如图 12-54 所示。

图 12-54　解压缩 sqljdbc4.jar 文件

进入解压缩后的文件夹,复制其 com 子文件夹,并粘贴到 bin 文件夹下。返回 MyEclipse 中重新运行程序,结果如图 12-55 所示。

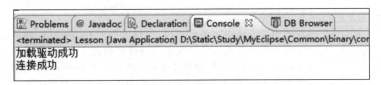

图 12-55　数据库加载成功

2) 与连接数据库有关的类和接口

与 JDBC 相关的操作类和接口都在 java.sql 包中,因此要使用 JDBC 访问数据库,需要导入该包。

(1) DriverManager 类

Java.sql.DriverManager 类负责管理 JDBC 驱动程序的基本服务,是 JDBC 的管理层,作用于用户和驱动程序之间,负责跟踪可用的驱动程序,并在数据库和驱动程序之间建立连接;另外,DriverManager 类也处理诸如驱动程序登录时间限制及登录和跟踪消息的显示等工作。成功加载 Driver 类,并在 DriverManager 类中注册后,DriverManager 类即可用来建立数据库连接。

DriverManager 类中的 getConnection() 方法用于请求建立数据库连接,其格式如下:

```
Connection getConnection(String url,String user,String password)
```

DriverManager 类将试图定位一个适当的 Driver 类,并检查定位到的 Driver 类是否可以建立连接,如果可以,则建立连接并返回;如果不可以,则抛出 SQLException 异常。

(2) Connection 接口

Java.sql.Connection 接口代表与指定数据库的连接,并拥有创建 SQL 的方法。一个应用程序可以与单个数据库有一个连接或多个连接,也可以与多个数据库有连接。

Connection 接口提供的常用方法如表 12-4 所示。

表 12-4 Connection 接口的常用方法

常用方法	功能
public createStatement()	创建并返回一个 Statement 实例。通常在执行无参数的 SQL 语句时创建该实例
public prepareStatement()	创建并返回一个 preparedStatement 实例。通常在执行包含参数的 SQL 语句时创建该实例,并对 SQL 语句进行预编译处理
public prepareCall()	创建并返回一个 CallableStatement 实例。通常在调用数据库存储过程时创建该实例
public getAutoCommit()	查看当前的 Connection 实例是否处于自动提交模式,如果是,则返回 true,否则返回 false
public isClosed()	查看当前的 Connection 实例是否被关闭,如果被关闭则返回 true,否则返回 false
public commit()	将从上一次提交或回滚以来进行的所有更改同步到数据库,并释放 Connection 实例当前拥有的所有数据库锁定
public rollback()	取消当前事务中的所有更改,并释放当前 Connection 实例拥有的所有数据库锁定。该方法只能在非自动提交模式下使用,如果在自动提交模式下执行该方法,将抛出异常。有一个参数为 Savepoint 实例的重载方法,用来取消 Savepoint 实例之后的所有更改,并释放对应的数据库锁定
public close()	立即释放 Connection 实例占用的数据库和 JDBC 资源,即关闭数据库连接

连接数据的代码参见例 12-15。

【**例 12-15**】 DatabaseConnection.java(连接数据库)。

程序代码如下:

```
1   package mydatabase;
2   import java.sql.*;
3   public class DatabaseConnection {
4     public static Connection con;
5     public static void main (String[ ] args)throws Exception {
6       Class.forName(com.microsoft.jdbc.SQLServerDriver);
7       System.out.println("加载驱动成功");
8       con=DriverManager.getConnection("jdbc:sqlserver://localhost:1433;
          DatabaseName="Text"."李金龙","123456"");
9       System.out.println(连接成功);
10      con.close;              //释放资源
11    }
12    catch(Exception ex){
13      System.out.println("连接失败");
14      ex.printStrackTrace();
15    }
16  }
```

程序的运行结果如下:

加载驱动成功
连接成功

12.2.6 访问数据库

1. Statement 接口

Java.sql.Statement 接口用来执行静态的 SQL 语句,并返回执行结果。例如,对于 INSERT、UPDATE 语句,可以调用 executeUpdate(String sql) 方法;对于 SELECT 语句,则调用 executeQuery(String sql) 方法,并返回一个永远不能为 null 的 ResultSet 实例。

利用 Connection 接口的 createStatement() 方法可以创建一个 Statement 对象。

方法声明如下:

```
Statement createStatement();
```

例如:

```
Conn=DrinverManager.getConnrction(dbURT,dbUser,dbPassword);
Statement sql=conn.createStarement();   //指向实现 Statement 接口的类
```

Statement 接口提供了三种执行 SQL 的方法:executeUpdate、executeQuery 和 execute,使用哪一种方法由 SQL 语句所产生的内容决定。

(1) executeUpdate 方法

该方法声明如下:

```
publicint executeUpdate(String sql) throws SQLException
```

executeUpdate 方法用于执行 INSERT、UPDATE 或 DELETE 语句。INSERT、UPDATE 或 DELETE 语句的效果是修改表中零行或多行中的一列或多列。

(2) executeQuery 方法

该方法声明如下:

```
public ResultSet executeQuery(String sql) throws SQLException
```

executeQuery 方法一般用于执行 SQL 中的 SELECT 语句。它的返回值是执行 SQL 语句后产生的一个 ResultSet 接口的示例(结果集)。

(3) execute 方法

该方法声明如下:

```
public boolean execute(String sql) throws SQLException
```

execute 方法用于执行返回多个结果集、多个更新操作或二者组合的语句。

执行语句的所有方法都将关闭所调用的 Statement 对象之前需要完成对当前打开的结果集(如果存在)的处理。这意味着在重新执行 Statement 对象之前,需要完成对当前

ResultSet 对象的处理。Statement 对象本身不包括 SQL 语句,因而必须给 Statement.execute 方法提供 SQL 语句作为参数。

【例 12-16】 Insert.java(数据插入)。

```
1   import java.sql.*;
2   import mydatabase.DatabaseConnection;
3   public class DeleteDemo{
4     public static void main(String[] args) throws Exception {
5       DatabaseConnetion db=new DatabaseConnetion();
6       Connection conn=db.getConnection();
7       Statement stmt=null;
8       stmt=conn.createStatement();
9       String sql="INSERT INTO userin(name,password,sex,age,nclass)"+
                  "VALUES('Rose', '123', '女', 18, '软件英语 051')";
10      stmt.executeUpdate(sql);
11      stmt.close();                    //关闭操作
12      Db.close();                      //关闭数据库
13    }
14  }
```

程序的运行结果如下:

id	name	password	sex	age	class
1	abc	123456	女	18	软件英语 051
2	Tom	367687	男	19	软件英语 053
3	Mary	324241	女	17	计算机应用 052
4	Jack	53555	男	18	计算机应用 051
5	Rose	123	女	18	软件英语 051

【程序分析】

① 第 5 行创建数据库连接对象。

② 第 6 行获取数据库的连接。

③ 第 7、8 行创建语句对象。

④ 第 9 行定义插入记录中 SQL 语句对应的字符串。

⑤ 第 10 行执行记录更新。

【例 12-17】 删除一条名字为 Rose 的记录,删除后表中无此记录。

```
1   import Java.sql.*;
2   import mydatabase.DatabaseConnection;
3   public class DeleteDemo{
4     public static void main(String[] args) throws Exception {
5       DatabaseConnetion db=new DatabaseConnetion();
6       Connection conn=db.getConnection();
7       Statement stmt=null;
8       stmt=conn.createStatement();
9       String sql="DELETE FROM userin WHERE name='Rose'";
```

```
10      stmt.executeUpdate(sql);
11      stmt.close();                //关闭操作
12      db.close();                  //关闭数据库
13    }
14  }
```

程序的运行结果如下：

```
id  name   password  sex  age  class
1   abc    123456    女   18   软件英语 051
2   Tom    367687    男   19   软件英语 053
3   Mary   324241    女   17   计算机应用 052
4   Jack   53555     男   18   计算机应用 051
```

【程序分析】

① 第 5 行创建数据库链接对象。
② 第 6 行获取数据库的链接。
③ 第 7、8 行创建语句对象。
④ 第 9 行定义插入记录中 SQL 语句对应的字符串。
⑤ 第 10 行执行记录更新。

2. ResultSet 接口

Java.sql.ResultSet 接口类似于一个数据表，通过该接口的实例可以获得检索结果集，以及对应数据表的相关信息，例如例名和类型等，ResultSet 实例通过执行查询数据库的语句而生成。

ResultSet 实例具有指向当前数据行的指针，最初指针指向第一行记录，通过 next() 方法可以将指针移动到下一行。如果存在下一行，该方法返回 ResultSet 实例且不可以更新，而只能移动指针，所以只能迭代一次，并且只能按从前向后的顺序。如果需要，可以生成可滚动和可更新的 ResultSet 实例。ResultSet 接口的常用方法如表 12-5 所示。

表 12-5 ResultSet 接口的常用方法

常 用 方 法	功　　能
public boolean next() throws SQLException	将指针下移一行
Public int getInt(int columnIndex) Throws SQLException	以整数形式按列的编号取得指定列的内容
public int getInt(String columnlabel) Throws SQLException	以整数形式取得指定列的内容
public int getFloat(int columnIndex) Throws SQLException	以浮点数形式按列的编号取得指定列的内容
public int getFloat(String columnIndex) Throws SQLException	以浮点数形式取得指定列的内容

续表

常用方法	功能
public int getString(int columnIndex)Throws SQLException	以字符串形式按列的编号取得指定列的内容
public int getString(String columnlabel)Throws SQLException	以字符串形式取得指定列的内容
public int getDate(int columnIndex)Throws SQLException	以日期形式按列的编号取得指定列的内容
public int getDate(String columnlabel)Throws SQLException	以日期形式取得指定列的内容

创建好 Statement 对象之后，就可以使用该对象的 executeQuery()方法来执行数据库查询语句。该方法将查询的结果存放在一个 ResultSet 接口对象中，该对象包含 SQL 查询语句执行的结果。ResultSet 对象具有指向当前数据行的指针。打开数据表，指针指向第一行，使用 next()方法将指针移动到下一行，当 ResultSet 对象中没有下一行时该方法返回 false。通常在循环中使用 next()方法逐行读取数据表中的数据。

【例 12-18】 Query Demo.java(查询)。

```
1   Import java aql. * ;
2   public class Query {
3   public static void main(String[ ] args) throws Exception {
4       DatabaseConnection db=new DatabaseConnection();
5       Connection conn=db.getConnection();
6       Statement stmt=null;
7       stmt=conn.createStatement();
8       String sql="select * from userin",
9       ResultSet rs=stmt.executeQuery(sql);
10       while(rs.next()) {
11         Syste.out.print(rs.getString("id"+"   ");
12         Syste.out.print(rs.getString("name"+"   ");
13         Syste.out.print(rs.getString("password"+"   ");
14         Syste.out.print(rs,getString("sex"+"   ");
15         Syste.out.print(rs.getString("age"+"   ");
16         Syste.out.println(" "+rs.getSring("nclass");
17       }
18       stmt.close();
19       db.close();
20   }
21  }
```

程序的运行结果如下：

id	name	password	sex	age	class
1	abc	123456	女	18	软件英语051
2	Tom	367687	男	19	软件英语053
3	Mary	324241	女	17	计算机应用052
4	Jack	53555	男	18	计算机应用051

【程序分析】

（1）第3行利用throws Exception进行异常的声明，否则需要用try-catch进行异常处理。

（2）第9行通过Statement对象的executeQuery()方法执行指定的查询并将结果保存到rs中。

（3）第10～17行通过while循环输出rs中的值。

（4）第11～16行也可以换成按照值的顺序采用标号的形式输出，如rs.getString(1)。

（5）第18～19行查询结束后需要关闭Statement对象，可以使用Statement对象的close()方法。Statement对象被关闭后，用该对象创建的结果也会自动被关闭。

3. PreparedStatament接口

PreparedStatement接口继承了Statement接口，但PreparedStatement语句中包含经过预编译的SQL语句，因此可以获得更高的执行效率。PreparedStatement实例包含已编译的SQL语句，包含于PreparedStatement对象中的SQL语句可具有一个或多个IN参数。IN参数的值在SQL语句创建时不但未被指定，还为每个IN参数保留了一个问号(?)作为占位符。每个问号的值必须在该语句执行之前通过适当的set×××方法来提供，从而增强了程序设计的动态性。所以对于某些使用频繁的SQL语句，用PreparedStatement语句比用Statement具有明显的优势。PreparedStatement的常用方法如表12-6所示。

表12-6　PreparedStatement的常用方法

常用方法	功　能
int executeUpate() throws SQLException	执行设置的预处理SQL语句
ResulSet executeQuery() throws SQLException	执行数据库查询操作并返回
void setInt(int x,int y) throws SQLException	将x参数设置为int类型的值
void setFloat(int x,float y) throws SQLException	将x参数设置为float类型的值
void setString(int x,String y) throws SQLException	将x参数设置为String类型的值
void setDate(int x,Date y) throws SQLException	将x参数设置为Date类型的值

【例12-19】下面的代码用于将记录(Rose 123 女 18 软件英语051)插入数据表USERIN中。

```
1   import java,sql.*;
2   public class PreparedStatementDemo {
3     public static void main (strubf [] args) throws Exception{
```

```
4        DatabaseConnection db=new DatabaseConnection();
5        Connection conn=db,get Connection();
6        PreparedStatement pstmt=null;
7        String sql=" INSERT INTO userin (name,password,sex,age,nclss)
         VALUES(?,?,?,?,?)";
8        String name="Rose";
9        String password="123";
10       String sex="女";
11       int age=18;
12       String nclass="软件英语 051";
13       try {
14           pstmt=conn.prepareStatement(sql);
             //实例化 Preapred Statement 对象
15           pstmt.setString(1,name);
16           pstmt.setString(2,password);
17           pstmt.setString(3,sex);
18           Pstmt.setInt(4,age);
19           Pstmt.setString(5,nclass);
20           pstmt.executeUpdate();
21       }
22       catch(Exception e){
23           e.printStackTrace();
24       }
25       pstmt.close();                    //关闭操作
26       db.close();                       //关闭数据库
27   }
28 }
```

【程序分析】

（1）第 3 行利用 throws Exception 进行异常的声明，否则需要用 try-catch 进行异常处理。

（2）第 7 行编写预处理 SQL 语句。

（3）第 15 行设置第一个"?"对应字段的值，之后的语句以此类推。

（4）第 25 行执行更新语句。

12.3 任务实施

将用户登录时对文件的读写转换为对数据库的操作。在登录界面中，输入用户名和密码后连接数据库，将输入信息与数据库信息进行比较，判断是否为合法用户。代码参见例 12-20 和例 12-21。

【例 12-20】 登录功能的实现。

```java
1  public void login(){
2    String sql="SELECT name, password FROM userin";
3    try{
4      DatabaseConnection db=new DatabaseConnection();
5      Connection conn=db.getConnection();
6      Statement stmt=conn.createStatement();
7      ResultSet rs=stmt.executeQuery(sql);
8        while(rs.next()){
9          if(rs.getString("name").equals(user.name)
10           &&(rs.getString("password").equals(user.password)){
11             loginSuccess=true;
12         }
13       }
14     if(loginSuccess){
15       stmt.close();
16       conn.close();
17     }else
18     JOptionPane.showMessageDialog(null,"密码不正确,请重新输入!",
       "密码不正确提示",JOptionPane.OK_OPTION);
19   } catch(Exception e) {
20     e.printStackTrace();
21   }
22 }
```

【例 12-21】 修改用户注册功能的 register()方法。

```java
1  public void register(){
2    int flag=0;                         //是否重名判断标志
3    String sql1="SELECT * FROM userin WHERE name=
4            '"+user.name+"'";
5    try {
6      DatabaseConnection db=new DatabaseConnection();
7      Connection conn=db,getConnection();
8      Statement stmt=conn.createStatement();
9      ResultSet rs=stmt.executequery(sql);
10     if(rs.next()){
11        JOptionPane.showMessageDialog(null."注册名重复,请另外
12        选择");
13        flag=1;
14     }
15   }catch(Exception e){
16     e.printStackTrace();
17   }
```

```
18    if(flag==0) {                              //添加新注册用户
19        String sql2="INSERT INTO userin(name,password,sex,age,nclass)
      VALUES (?,?,?,?,?)";
20        try{
21            Pstmt pstmt=conn,prepareStatement(sql2);
22            pstmt.setString (1, user. name);
23            pstmt.setString (2, user.password);
24            pstmt.setString (3, user. sex);
25            pstmt.setString (4, user.age);
26            pstmt.setString (5,user.nclass);
27            pstmt.executeUpdate();
28            //发送注册成功信息
29            JOptionPane.showMessageDialog(null,"用户"+user.name+
30            "注册成功",' '+"\n";
31            regtSuccess=true;
32             //关闭文件
33            pstmt.close();                     //关闭操作
34            db.close();                        //关闭数据库
35        }catch(SQLException  e){
36            e.printStackTrace();
37        } catch(Exception e) {
38            e.printStackTrace();
39        }
40    }
41 }
```

【程序分析】

（1）第2行：定义 flag，用于判断注册的用户名是否已存在，flag=1 表示用户名已存在。

（2）第3行：定义用于查询的 SQL 语句，获得与输入的用户名同名的数据集记录。

（3）第9~11行：数据集 rs 不为空，则注册名重复。

（4）第5~7行：声明与数据库操作有关的对象。

（5）第8行：执行查询语句。

（6）第17行：定义插入预处理 SQL 语句。

（7）第20~24行：设置"?"对应字段的值。

（8）第25行：执行更新语句。

自 测 题

一、选择题

1. SQL Server（　　）是 SQL Server 2008 提供的一种配置工具，用于管理与 SQL Server 相关的服务、配置 SQL Server 使用的网络协议。

A. 配置管理器 B. 性能工具
C. 安全中心 D. Analysis Services

2. SQL Server 2008 采用的身份验证模式有(　　)。
   A. 仅 Windows 身份验证模式　　B. 仅 SQL Server 身份验证模式
   C. 仅混合模式　　D. Windows 身份验证模式和混合模式

3. 要查询 student 表中所有姓"张"学生的情况,可用(　　)语句。
   A. SELECT * FROM student WHERE name LIKE '张 * '
   B. SELECT * FROM student WHERE name LIKE '张％'
   C. SELECT * FROM student WHERE name='张 * '
   D. SELECT * FROM student WHERE name='张％'

4. SELECT 语句中与 HAVING 子句通常同时使用的是(　　)子句。
   A. ORDER BY　　B. WHERE　　C. GROUP BY　　D. 无须配合

5. SQL Server 提供的单行注释语句是使用(　　)开始的一行内容。
   A. "/ * "　　B. "--"　　C. "{"　　D. "/"

二、填空题

1. Windows Server 2008 的主要版本包括_____、_____、_____和 Web 应用程序服务器。

2. SQL Server 2008 的文件包括:数据文件(.mdf 或.ndf)和_____。

3. _____,简称 DBMS,它是指帮助用户建立、使用和管理数据库的软件系统。

三、实训任务

1. 从官方网站下载 SQL Server 2008 试用版进行安装。
2. 熟悉 SQL Server Management Studio 的使用方法。
3. 创建 teach 数据库,并按照表 12-7 创建数据表 student。

表 12-7　学生信息表

序号	字段	说明	数据类型	允许为空	主键
1	id	学生 ID	int	N	Y
2	name	用户名	varchar(9)	N	N
3	password	密码	varchar(9)	N	N
4	sex	性别	varchar(2)	N	N
5	tel	联系电话	varchar(20)	N	N
6	email	联系邮箱	varchar(50)	N	N
7	remark	备注	varchar(100)	N	N

4. 使用 INSERT、UPDATE、DELETE 及 SELECT 语句对 student 表进行编辑操作。

参 考 文 献

[1] 陈芸.Java程序设计项目化教程[M].2版.北京:清华大学出版社,2015.
[2] 关忠,金颖.Java程序设计案例教程[M].北京:电子工业出版社,2013.
[3] 张群哲.Java程序设计项目教程[M].北京:清华大学出版社,2010.
[4] 向昌成,聂军.Java程序设计项目教程[M].北京:清华大学出版社,2013.
[5] 丛书编委会.Java程序设计项目教程[M].北京:电子工业出版社,2012.
[6] 孙更新.Java毕业设计指南与项目实践[M].北京:科学出版社,2007.
[7] 明日科技.Java从入门到精通[M].北京:清华大学出版社,2014.
[8] Horstmann.写给大忙人看的Java核心技术[M].杨谦,等,译.北京:电子工业出版社,2015.
[9] 罗专,郭桂枫,刘安华.手把手教你学Java[M].北京:电子工业出版社,2016.
[10] 李亚平,向华.Java企业项目实战[M].北京:清华大学出版社,2015.